Academic papers and AI

学術論文とAI

GPTの性質と両利き研究者の出現

山崎知巳

Tomomi YAMAZAKI

東京大学出版会

Academic papers and AI:
The nature of GPT and emergence of ambidextrous researchers
Tomomi YAMAZAKI
University of Tokyo Press, 2025
ISBN978-4-13-061166-4

学術論文と AI

目　次

はじめに ……………………………………………………3

第1章　序論 ……………………………………………………7
1-1　背景　7
1-2　目的　10
1-3　貢献　12
1-4　構成　14

第2章　先行研究 ………………………………………………17
2-1　分野間融合に関する研究　17
2-2　組織間連携に関する研究　22
2-3　新興領域・トピックに関する研究　26
2-4　デジタル・人工知能とその融合に関する研究　29
2-5　その他の関連研究　35
2-6　本研究の位置付け　36

第3章　データセット・検索と抽出・クラスタリング …………39
3-1　データセット　39
3-2　検索語の特定と論文抽出　42
3-3　クラスタリング　53

第4章　デジタル融合——クラスタリングによるコミュニティ特定とトピック変遷 ……………………………59
4-1　手法　59
4-2　結果（クラスタリングによるコミュニティ特定とトピック変遷）　64
4-3　結果（技術融合による新分野形成の時系列分析・ポジショニング分析）　82
4-4　考察　93

第5章　AIの産学連携──『両利き研究者』の出現 ……………101

5-1　手法　102

5-2　結果（全体分析）　103

5-3　結果（時系列分析）　104

5-4　結果（詳細分析）　115

5-5　考察　128

第6章　分野間融合・組織間連携──自然言語処理を例に …135

6-1　手法　136

6-2　結果　138

6-3　考察　154

第7章　論文と特許の関係性に基づく分野間融合と組織間連携の分析 ……………………………………………………171

7-1　関連研究と分析方針　171

7-2　手法　173

7-3　結果　174

7-4　考察　180

第8章　結論 ………………………………………………185

8-1　まとめ　185

8-2　本研究の新規性　187

8-3　一つの定説に対する一定の見解　189

8-4　政策・施策及び技術経営上の示唆　191

8-5　残された課題　197

8-6　今後の展望　199

おわりに ……………………………………………………………… 201

あとがき ……………………………………………………………… 207

参考文献 ……………………………………………………………… 209

付録 ………………………………………………………………… 215

学術論文と AI

GPT の性質と両利き研究者の出現

はじめに

2024 年のノーベル賞は AI で 2 つの賞を受賞した．これは AI の社会的地位確立を物語る象徴的な出来事であった．物理学賞に 2 名（うち 1 名は本書にも名前が挙がるトロント大学のジェフリー・ヒントン氏），化学賞に 3 名（うち 2 名は本書にも登場する Google DeepMind に所属）の AI 研究者が受賞した．本書ではジェフリー・ヒントン氏を『両利き研究者』の代表的存在として，グーグル・ディープマインドの構築したタンパク質立体構造解析システム『アルファ・フォールド 2』を AI と医療の分野融合の代表的事例の一つとして取り上げている．AI で特徴的な 2 つの事象—AI の技術融合と『両利き研究者』—が本書の二大テーマとなっている．

本書は学術論文の分析（ネットワーク分析）により AI 分野の特徴を浮き立たせようと試みたものである．それにしても，なぜ政府（経済産業省）に 30 年近く在籍した者が自分自身でプログラミング（コーディング）してまで分析を行う必要があったのか？　きっかけは，AI は GPT（汎用技術）の性質を有し，他の学術・産業分野に応用される汎用性・親和性があること，また，AI の世界ではこれまでの産学連携では見られなかった『両利き研究者』という新しい形態の研究者が出現していることに注目したことだ．このような特徴を持つ AI 技術が進化を重ねることで，あらゆる分野に大きな変革の波が押し寄せている．産学連携の文脈で言うと，AI の技術移転は従来の産学連携の延長線上で語れないことが起こっている．この技術そのものとそれが及ぼしている影響に切り込んで AI を捉えることで見えてくる本質，真髄があるはずである．そこで大規模な学術論文データベースを基に分析を行うこととしたが，その解析のためには既存のツールを用いることでは限界があり，Python でプログラム（アルゴリズム）を作り込んで分析しなければ見えてこない事実があったから，ということになる．

筆者とAIとの関係は学生時代に遡る．六本木にあった東京大学生産技術研究所（当時）の隣の研究室においてニューラルネットワーク（今のディープラーニング）を潜水艇の制御に応用し，潜水艇自ら学習して海中を進めるようになる研究をしていた博士課程の先輩（藤井輝夫現総長）を横目に，筆者は同じ人工知能でも最適化問題を短時間で解くのに役立つ遺伝アルゴリズムを海洋構造物の安全設計に応用し，修士論文を執筆した．ただし，当時はハード（コンピュータ）の性能の制約もあり，ソフト（ディープラーニング）が飛躍的に発展するには相当の時間が必要であった．

　1990年代以降，世界では通信技術の進展とともにインターネットが普及する一方，半導体の微細加工技術が進展しコンピュータの性能向上が加速した．2008年に登場したiPhoneに代表されるスマートフォンは1980，1990年代のスタンダードなパソコンの性能を超えて一気に普及した．2010年代に入ってからは半導体，コンピュータの性能が向上し，ディープラーニングがその能力を次第に発揮できるようになってきた．半導体微細加工技術の進展によりAIの加速的進展の契機となるブレークスルーが起こり，AI冬の時代はとうに過去の出来事となっている．筆者がNEDOで半導体を担当する部署にいた2010年代半ばには，More MooreやMore Than Mooreと言われ，ムーアの法則（微細加工技術による半導体の性能向上は1.5〜2年で2倍になる）の限界が叫ばれていたが，微細加工技術は更に進展し，またGPUの発展もあり，AIの飛躍的発展は予想を超えている．現在，微細加工技術はシングルナノの時代にあって，当時懸念されていた物理限界という言葉はあまり聞かれなくなっている．

　また，筆者は2010年代半ばに産業技術研究所人工知能研究センターとNEDO AI・ロボット部に同時に所属（クロスアポイントメント）し，政府のAI技術戦略の原案を策定した．このAI技術戦略は政府として初めて策定したものである．同戦略策定に向けては，当時，産総研AIセンターの辻井潤一センター長，東京大学の松尾豊先生に意見を求め，ヤフーの安宅和人氏とはとことん議論した．AI技術戦略においてはAI技術の進展そのものもさることながら，産業化ロードマップを描くことで医療や自動

車といった他の産業分野への AI 応用の進展を強調した.

　そして現在は東京大学 Beyond AI 研究推進機構に所属し, ソフトバンクとの共同研究の東大側マネジメントの一端を担っている. また, 産学連携や大学発スタートアップを支援する産学競争推進本部にも所属する.

　人間が経験に基づき, 場合によっては勘, 直感でこうだと言うことを, AI, 中でも機械学習・ディープラーニングは数学的に理解し瞬時に答えを出す. この「数学的に理解し答えを出す」こと, つまり, 機械学習・ディープラーニングの仕組みが研究者にとっては常識でも, 世の中一般には容易には理解しづらい.
　筆者の理解では, 機械学習・ディープラーニング技術の根幹は行列変換操作であり, 写像である. 専門用語を使用すると余計分かりにくくなるかもしれないが, このことだけ理解しておけば, AI でやっていることが大摑みで分かるようになると思われるので, ごく簡単に触れたい.
　機械学習・ディープラーニングにおいてよく出てくる課題の一つに『分類 (categorization 又は clustering)』がある. ある事象をどのように整理するかを考えた時に, 人間であれば共通項を見つけてカテゴリーにラベルを付けて 2 つ, 3 つと分類する. 機械学習・ディープラーニングが『分類』上やっていることは同じだが, 人間の能力の限界を超えて分類できる力を持つようになっている.
　例えば, 平面座標系の特定点 (座標) を行列変換して, もう一つ別の平面座標系の特定点に写像する, つまり移動させる. これにより最初の平面座標系では簡単に分離 (分類) できなかったのが, もう一つ別の平面座標系では線を引いて簡単に分離 (分類) できるようになる. もちろん分類のための共通項を人間が気付くことができれば分類することはできるが, 共通項を見出せなければ分類することはできない. AI は人間が気付かないこともこの共通項を学習から学び分類できるようになる (特徴抽出). 数学的には, AI の学習は行列変換により写像を繰り返し, 適切に分類するための座標系と分類可能な線や面 (識別関数) を見つける (上述の例では, 別の平面座標系に分類可能となる線を探し出す) 手法であり, 高度 (高次) に

なればなるほど AI はその能力を発揮する．一言で言えば，人間が気付か
なかったことに AI は気付くことができるということになる．

　筆者は東京大学大学院工学系研究科技術経営戦略学専攻の坂田一郎教授
の研究室に社会人博士として所属し，4 年を超えて研究を進め博士論文を
まとめた．本書はその博士論文の体裁を少し変更してとりまとめたもので
ある．博士論文は AI 研究そのものではなく，AI 研究で起こっていること
をできるだけ客観的に分析しようとした AI の俯瞰的研究である．本書が
AI 時代に産業界，学術界だけでなく，行政においても，AI に関心のある
者に AI の本質について理解いただく一助となれば幸いである．

第1章　序論

1-1　背景

　未知の世界の探究は人間の重要な営みの一つであり，研究という創造的活動はこれまでも又これからも止むことはない．21世紀の研究は19世紀，20世紀の発明・発見を基に行われているが，これは各分野で熱心に研究に取り組まれ，それぞれに新しい知見が積み上がった結果である．現在まで連綿と続く研究への取組は徐々に拡張し，学術論文の発表件数は増加の一途を辿っている．2020年までに論文発表数は約7.5千万件／年，被引用数は約12.5億万件／年となっており，いずれも増加基調（この10年間でそれぞれ1.44倍，2.20倍）となっている（表1-1，図1-1）．

　また，この量的な拡大は知識の専門的深化と細分化を伴う．一方，人類社会が直面する課題は複雑化している．地球温暖化問題を始め，特に複雑な社会課題は，各分野の知見を統合した「総合知」に依らなければ解くことが容易でなくなっている．輻輳する問題の解決に向けた学際性の重要性は以前から指摘されており，Gates らがネイチャー誌で発表した論文で[1]

---

(1)　A. Gates, Q. Ke, O. Varol, and A. Barabasi, "Nature's reach: narrow work has broad impact," *Nature*, vol. 575, pp. 32–35, 7 Nov.

年	2010	2011	2012	2013	2014
論文発表数	2,471,239	2,632,502	2,765,444	2,889,215	2,931,635
被引用数	47,493,248	52,442,821	58,735,432	63,490,394	66,927,041
	2015	2016	2017	1018	2019	2020
	2,932,778	3,035,117	3,121,864	3,247,223	3,397,342	3,551,617
	71,125,753	75,373,904	80,516,572	86,542,377	93,264,553	104,456,360

注）図表は Scopus をデータソースとして著者作成．以降，同様．

表 1-1　毎年発表される論文発表数・被引用数の推移

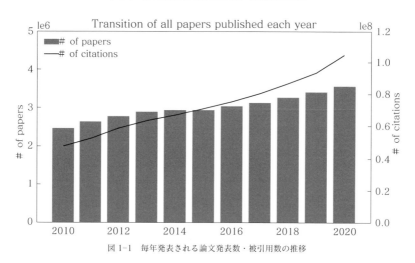

図 1-1　毎年発表される論文発表数・被引用数の推移

は，過去にネイチャー誌に掲載された論文の引用・被引用関係の分析に基づき，着実に学際性が進展していると結論付けている．つまり，各研究領域での専門性が高まる一方で学際性が進展する．しかし一般的には分野の専門性が高まれば高まるほど，ある特定の分野に属する研究者が他の分野の専門的知見に精通することは難しくなるはずである（図 1-2）．専門性の壁を乗り越えるため，チームを組んで各専門分野の知見を持ち寄り困難な課題に立ち向かう連携スキーム（アライアンス）はこれまでよく活用されてきたところだが，社会課題の複雑化・難化に伴い意識的に分野間連携に取り組むことの有用性は益々高まっている．

　現代はデジタル，データの時代であるが，データは 20 世紀の石油に相当するとも言われる．20 世紀は石油を燃料として自動車，航空機等の乗

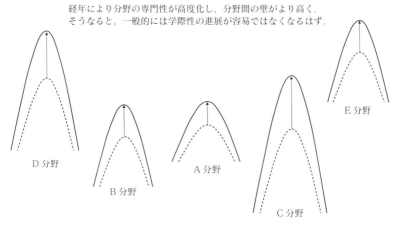

図 1-2 経年により専門性が高度化し，分野間の壁が高くなるイメージ

り物や電気の発電源として産業社会が発展してきたが，21 世紀はデータが自動運転，医療・ヘルスケア等の駆動源となる．データを駆動源としているのは人工知能（Artificial Intelligence: AI）であり，石油を燃料とするエンジンやタービンに相当する．急速に発展を遂げる AI は特定の課題を解くためのツールとして既に広く活用されており，その課題は多岐にわたる．言い換えれば，AI は適用範囲の広さをその特徴とする．分野間融合と一言で言っても分野の組合せによって特徴が異なるはずで，分野間融合の一方を AI として分析することで露見する AI 特有の要素（融合の傾向，背景，理由，動機，きっかけ等）があるはずである．

また，AI 研究では豊富な計算資源とデータを有する巨大テックの存在感が大きい．産業技術総合研究所人工知能研究センターの辻井潤一センター長によれば，「AI 研究の重心が学から産にシフトしているように思われる」とのことである．産学連携は学から産への技術移転という方向感が一般認識だが，AI については技術の移動が従来の方向感を前提に議論することが困難になっている．Google 傘下の DeepMind がタンパク質の立体構造解析のために開発した "AlphaFold2" などは本来的には学術機関が取り組む研究課題に民間企業が取り組んでいる一例である．巨大テックが台頭する中で，研究者自身がアカデミアと企業の 2 つの顔を持って産学の橋渡しを行うようになっている．これは従来型の産学連携では見られ

なかった事象である．こうした状況を見る限りにおいて，AI 研究では産学連携に何らかの変化が起こっていると推測される．

　そこで，本研究では，AI 技術融合が，産学融合と相俟って研究を加速させ，研究領域を次々と創成する一方，新産業発展の原動力となっているのではないかという問題意識の下，AI 分野における技術融合（より一般的な概念としては分野間融合）とそのきっかけとなる産学連携（より広い概念としては組織間連携）に焦点を当て，定量的な分析に基づき，それらの意義，特色，効果等を特定することを目指した．

1-2　目的

　学術論文の論文誌数は 4 万誌超[(2)]とされており，発表数は 2020 年までに約 7.5 千万件，被引用数は 12.5 億万件でいずれも増加傾向にあることは上述のとおりである．このように膨張する科学的知見について，論文データセットの引用・非引用関係を用いたネットワーク分析により俯瞰し，先端研究の動向と技術融合の状況，主体間の関係性を可視化することが本研究の目的である．本研究では学術論文のデータセットを用いたマクロ分析が主となるが，それだけでは研究現場で起きている実態との乖離が生じるため，自然言語処理（Natural Language Processing: NLP）を事例に挙げてミクロ分析も行いマクロ分析と照合することで，マクロ分析の結果を補完・補強できるものと考えている．

　AI により「問いを解く」，つまり「AI（ツール）による課題解決」の実践数が増加傾向にある中，関連した新しい論文誌が発刊され，新しい学会も設立されている．このような AI の先端研究が近年どのように推移しているかを可視化し，体系的に整理できないかということが本研究の動機となるが，研究内容は，「AI 研究における分野間の融合，主体（組織）間の連携を俯瞰的に分析する」という一文に集約される．

　本研究では 3 つのリサーチ・クエスチョンを設定し，分析を進める．リサーチ・クエスチョン，分析方針は次のとおりである．

---

(2)　Scopus によれば出版物数は 47,680（2024 年 11 月現在）である．

①デジタル技術融合はどのように進展していて，そこに何が見出されるか．デジタル技術融合の進展や注目の度合いに分野間で差異はあるか．

　Scopus の論文データセットを使用し，分野を表現するキーワード二語で検索・抽出した論文について論文引用ネットワーク関係に基づきクラスタリングを行い，コミュニティを特定しつつ，時系列で当該コミュニティの研究テーマや課題，トピックがどのように変遷しているか可視化する．

②AI 研究自体が産学連携のあり方に質的変化をもたらしているのではないか．そうであれば，どのような変化が起きていて，その背景には何があるのか．

　全論文と産学共著論文，特に産学双方の組織に所属する研究者（以下，『両利き研究者』："ambidextrous researcher" と名付ける）を著者に含む論文の平均被引用数を比較しつつ，時系列の変化，分野間の相違を分析することで，AI 分野における産学連携の質的変化の実態とその背景を明らかにする．AI と産学連携の親和性の有無に焦点を当て，注目されている具体的な組織間連携についても分析を行う．

③AI 先端研究において，分野間融合を含め，注目度が高いテーマや課題は何か．そのようなテーマや課題での組織間連携はどのような姿となっているか．

　NLP 分野において，コミュニティの時系列変化（年毎）の追跡によりトピックの変遷を分析し，この過程において AI 融合が起こっている対象分野を観察する．また，有望な著者所属組織や共著者の所属組織組合せを特定する．この場合，分野間融合と組織間連携の関わり方がどのようになっているかを検証する．

　以上は学術論文を分析対象としているが，学術上の研究成果が産業にどのように応用されているかも把握可能となるよう，AI 分野における論文

と特許の関係性に基づく分野間融合と組織間連携の分析にも取り組む．これにより当初の問題意識である AI 技術融合は，産学融合と相俟って研究を加速させ，研究領域を次々と創成する一方，新産業発展の原動力となっているのではないかという考え方への示唆が得られるのではないかと考えている．

1-3　貢献

ネットワーク分析は，イノベーション活動の潮流や構造の把握，それらの変化の予測を通じて，科学技術政策や技術経営に関する意思決定支援ツールとして活用されている．多様性や融合は革新的なイノベーションの契機になるとされていることから，このネットワーク分析を用いて分野間融合と組織間連携を分析することで，政策形成や技術経営に有用な示唆を得られるものと考えられるが，特に組織間連携についてはこれまで定量的な分析はあまり行われてきていない．一方，AI 研究においては，その有効性から各方面で応用に向けた動きが加速し，その過程において分野間融合と組織間連携が進展している．こうした状況において，本研究では論文引用情報を用いてマクロからミクロにフォーカスして研究現場で起こっていることを可視化し，分野間融合と組織間連携の様子を観察できるよう手順を定め，分析を行った．本研究による貢献は以下のとおりと考える．

①大規模論文データベースの時系列ネットワーク分析によるイノベーションの推移の可視化と新たな分野間比較手法の導入

Scopus の大規模論文データセットを用いてネットワーク分析を時系列で行い，コミュニティ毎にトピック分析を実施することでイノベーションの推移を可視化した．これにより，時の経過に応じて研究コミュニティの関心となる研究テーマが変遷していることが確認でき，いわゆるホットトピックに相当する研究テーマは何か，中でもどのような分野間融合が顕著かを追跡可能であることを明らかにした．また，この分析を実施する過程で，新たな技術課題を表現する用語が独立して使用されるようになり，それを核に新たに研究コミュニティが形成されていく様子を確認できること

も見出された.

　発現した傾向を大局的に摑めるよう，浸透度・注目度という2つの指標を独自に設定の上，二次元に図示するという新しい枠組を導入した．この結果，デジタル融合の分野間比較が容易になり，デジタル融合の対象分野毎の相違点や特徴を確認することができるようになった.

② AI 研究における産学連携との親和性の存在確認と『両利き研究者』の根拠の提示

　AI 研究は産学連携との親和性が高く，組織間の技術移転の双方向性を特徴として挙げられることが確認された．具体的には，産学共著論文の平均被引用数は全体平均を上回り，産学連携は学術研究の質を高めていることが判明した．また，企業と学術機関の双方に所属する『両利き研究者』を著者に含む論文については，その発表数は増加傾向にあり，同時に両利き研究者が著者となる論文の学術的な注目度は年を追って高まっていること，中でも AI 分野における注目度が構造的に高くなっていることを明らかにした．さらに，両利き研究者が媒介となり，企業，特に巨大テックに継続的に技術移転がなされる仕組みができた結果，AI 先端研究では巨大テックが大きな役割を果たすようになってきていることを確認した．これは，巨大テックの有する計算資源やデータといった研究資源が学術研究を更に発展させる上でも有効で，学術機関の研究者から見ても研究環境として魅力があり，両利き研究者となることの誘引になっている実態が浮かび上がった.

③自然言語処理を例とした分野間融合と組織間連携の実態解明手法の提案

　『自然言語処理』に関する論文を抽出した上でネットワーク分析を行い，コミュニティ形成と技術融合を含むトピックの変遷，著者の所属組織等について，論文の被引用数と関連付けて分析した結果，注目される（高被引用）論文のトピック，AI の他分野との融合状況，ポテンシャルのある著者所属組織と共著者の所属組織の組合せなどが詳らかになった．本分析は，大局的に全貌を把握する視点から，次第に焦点を絞り込みつつ解像度を高め，研究現場で起こっていることが具体的に分かるように進めた．結果と

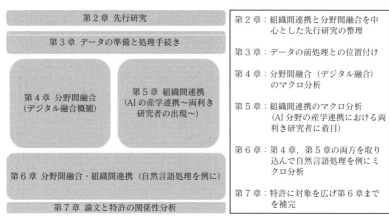

図1-3 本研究の構成と各章の位置付け

して，分析の手順は，マクロ的な知識構造の抽出，メソレベル（コミュニティ毎）の分析，それ以降はミクロな分析という3段階となっている．このフレームワークはNLP分野に限らず，他の分野への適用も可能である．

また，分析の過程で，AI分野の産学連携においては，両利き研究者が起点となって学から産，産から学への双方向の技術移転が行われ，これがAIの技術融合対象分野の多様性と重なり合い，産学間における技術移転の「多様な方向感」が生じていることも明らかにした．見方を変えれば，分野間融合と組織間連携を2軸としたフレームワークの適用により，AI／NLPと医療の分野間・組織間の越境を例として，知識移動の多様な方向感を顕在化させ，客観的に観測できることを実証したことになる．これは分野間融合と組織間連携のどちらかでなく，両方を同時に観察・分析する必要があることを意味する．本フレームワーク（『技術移転マトリックス』："technology-transfer matrix" と名付ける）は特に課題解決に関するイノベーション分析における考察の基礎的枠組として広く活用し得るものと考えられる．

1-4　構成

図1-3に本研究の構成と各章の位置付けを示す．第2章では本研究に関連する先行研究の概略と本研究の意義を示す．第3章では大規模論文

データセットを活用するに当たって必要となる準備と処理手続きについて示す．第4章ではデジタル融合を概観し，分野間融合の時系列分析等によるイノベーションの可視化手法を提案する．第5章ではAIの産学連携，特に『両利き研究者』に焦点を当て，AIの組織間連携の特徴を抽出する．第6章では自然言語処理を例として，研究現場での分野間融合・組織間連携の実情を解き明かす．第7章ではAI分野における学術論文と特許との関係性について論じ，第6章までの議論を補完する．これにより，学術界での研究成果が産業界でどのように活用されるかに踏み込むことができる．第4章，第5章，第6章では，1–2で挙げたリサーチ・クエスチョン①，②，③に対応させ，各章にて各問いの答えを導けるよう分析に努めている．

第2章　先行研究

　本研究に関連する先行研究は分野間融合（いわゆる技術融合），組織間連携（産学連携を含む），デジタル・人工知能とその融合など幅広い分野に跨る．ここでは，本研究の先行研究として関係性が高いと思われるものについて調査を行い，その結果を整理した．図2-1は2-1以降の先行研究の整理の順序と本研究の位置付けを示している．

2-1　分野間融合に関する研究

　ネットワーク科学は1900年代後半のグラフ理論や社会ネットワークに関する研究にそのルーツを辿ることができるが，2000年代に入って研究が急速に進展し，学理もほぼ確立されてきた．このようなネットワーク科学の急進を背景に，論文引用ネットワークを対象としたネットワーク分析，これによる学際融合（Interdisciplinary Research: IDR）に関する研究が大きく進展した．学際融合がイノベーションにおいて果たす役割には大きいものがあり，過去から見て学際性は進展している，学際性がイノベーションの契機となっているといった仮説を検証する数多くの研究が行われてきた．また，これらの研究成果に基づき，イノベーション活性化に向けた技術融合推進の必要性が謳われてきたところである．

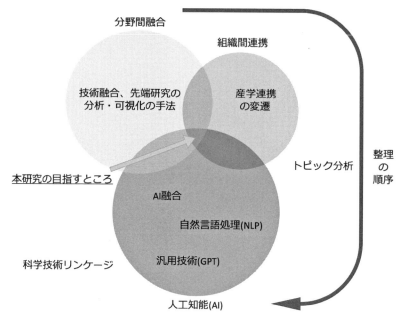

図 2-1　先行研究の整理の順序と本研究の位置付け

　2000 年代前半から 2010 年代初めの技術融合に関する論文は論文引用ネットワークを分析対象としたものが多く，中でも学術分野間の距離の測定やその距離が縮まってきていることの検証に充てられているものが多い印象がある．

　具体的には，Leydesdorff と Rafols はコサイン類似度を始めとする様々な指標を用いて学際性の進展を測定し，トップ 20 ジャーナルの学際性について比較した．Nature と Science は引用・非引用関係において実数としてはトップだが，他のジャーナルで学際性の高いものも多いことに言及している．Leydesdorff はトップ 10 ジャーナルでは Science, Nature がこの順で中心性が高いことを示し，学際的研究がよりハイインパ

---

(1) 　L. Leydesdorff and I. Rafols, "Indicators of the interdisciplinary of journals: Diversity, centrality, and citations," *J. Informetr.*, vol. 5, pp. 87-100, 2011.

(2) 　L. Leydesdorff, "Betweenness centrality as an indicator of the interdisciplinarity of scientific journals," *J. Am. Soc. Inf. Sci Technol.*, vol. 58, no. 9, pp. 1303-1319, 2007.

クトであることを示している．また，Klavans と Boyack は文書間の関連性を測定するに当たり 10 の指標を比較し，ピアソン係数も良いが全体としては「コサイン類似度が最良の指標」としている．さらに，Rafols と Meyer は技術融合や学際性の度合いを示す枠組として「多様性」（異種性の指標）と「コヒーレンス」（強度の指標）を導入している．バイオナノサイエンスをケースとして，二つの指標の有用性，すなわち多様性は文書群の知識の幅を示し，コヒーレンスは分野間の統合の度合いを示すことを検証した．加えて，Wagner らは過去の IDR 関連論文の示唆を総括的にとりまとめたレビュー論文において，IDR の指標に関する研究はまだ道半ばで，更に精度の高い手法の開発を進めることが必要であると強調している．その分析においては Web of Science や Scopus など論文データセットをネットワーク分析の対象としてその特徴の比較を行っている．

　2010 年代前半以降の技術融合に関する論文は特定の分野を設定の上技術融合の実態を解析し，その性質を明らかにしようとしたもの，融合の仕方や融合のプロセスについて論じたものなど研究の幅が広がり，また具体性も増している印象がある．
　具体的には，中村らは異なる産業分野の特許情報を分析して，技術領域の類似性に基づく "DB-Combination Modes" を提唱している．ここで D は depth，B は breadth であり，2 つの技術領域の類似性を二次元で表

---

(3)　R. Klavans and K. W. Boyack, "Identifying a Better Measure of Relatedness for Mapping Science," *J. Am. Soc. Inf. Sci. Technol..*, vol. 57, no. 2, pp. 251-263, 2006.

(4)　I. Rafols and M. Meyer, "Diversity and network coherence as indicators interdisciplinarity: case studies in bionanoscience" *Scientometrics*, vol. 82 no. 2, pp. 263-287, 2010.

(5)　C. S. Wagner, J. D. Roessner, K. Bobb, J. T. Klein, K. W. Boyack, J. Keyton, I. Rafols, and K. Börner, "Approaches to understanding and measuring interdisciplinary scientific research (IDR): a review of the literature," *J. Informetr.*, vol. 165, pp. 14-26, 2011.

(6)　H. Nakamura, S. Suzuki, I. Sakata, and Y. Kajikawa, "Knowledge combination modeling: The measurement of knowledge similarity between different technological domains" *Technol. Forecast. Soc. Change*, vol. 94, pp. 187-201, 2015.

現しようと試みている．また，古瀬と坂田はロボットと医療という融合領域を対象として，コサイン類似度等とは異なる "CR（Citation Rate）" という新しい測定指標の導入を提言している．この指標を用いて2つの分野間の近接性を具体的かつ定量的に示した点に新規性がある．さらに，Uzziらは従来型の知識の枠組みだけでなく非定型な組合せによって多くの分野での進歩に繋がると論じている．この場合，「単著より共著の方が，約4割増で奇抜な組合せを既存の知識領域に持ち込んでいる」としている．加えて，浅谷らはSDGsに貢献する研究分野について，TF-IDF（term frequency-inverse document frequency）を用いて学術論文をメタ分析し，クラスターマップを作成している．SDGsの17テーマと23の研究分野との関係性を可視化し，SDGsに対する研究分野の貢献にはそれぞれ異なる特徴があることを表現している．

　論文引用ネットワーク以外にも特許を対象とした分析などもあり，多角的に技術融合について研究が行われてきている．
　具体的には，Kayらは特許情報を分析対象として，技術の距離の可視化を試みている．その結果，研究の成果は学術界において広く分布・浸透している訳ではないことが確認され，「学術分野の更なる発展のためもっと分野間の交流が必要である」と述べている．また，Choiらは韓国の特

---

(7)　T. Kose and I. Sakata, "Identifying technology convergence in the field of robotics research," *Technol. Forecast. Soc. Change*, vol. 146, pp. 751-766, 2019.

(8)　B. Uzzi, S. Mukherjee, M. Stringer, and Ben Jones, "A typical Combinations and Scientific Impact", *Science*, vol. 342, no. 6157, pp. 468-472, Oct. 2013.

(9)　K. Asatani, H. Takeda, H. Yamano, and I. Sakata, "Scientific Attention to Sustainability and SDGs: Meta-Analysis of Academic Papers," *Energies 2020*, vol. 13, no. 975, Feb. 2020, Art. no. en13040975.

(10)　L. Kay, J. Newman, J. Youtie, A. Porter, and I. Rafols, "Patent Overlay Mapping: Visualizing Technological Distance," *J. Accoc. Inf. Sci. Technol.* vol. 65, no. 12, pp. 2432-2443, 2013.

(11)　J. Y. Choi, S. Jeong, and K. Kim, "A Study on Diffusion Pattern of Technology Convergence: Patent Analysis for Korea," *Sustainability*, vol. 7, pp. 11546-11569, 2015.

許情報を分析して，技術融合のパターンについて論じている．韓国では医療・化学の他分野との融合はまだ初期段階で，ICT の他分野との融合は成熟段階にあることを検証している．さらに，Zhua と元橋は特許情報を分析対象としつつ，グラフコンボリューショナルネットワークを用いて技術融合を特定しようと試みる．一例として AI とブロックチェーンの分散型台帳技術との融合を測定し，「分散型台帳技術に AI を駆使することで融合が進展していることを確認できた」としている．加えて，Porter らは研究者の執筆した論文から，研究者自身の学際性を測定しようと試み，研究者によって異なる多様な学際性について論じている．論文においては，43 名の研究者の 'Specialization' と 'Integration' には −0.51 の相関があり，専門性が高いと融合性は低くなり，融合性が高いと専門性が低くなるとの分析を示している．

近年は AI 分野に焦点を当てた技術融合に関する研究成果も発表されるようになっている．例えば，AI 技術が多くの分野に広がる特徴について論じた研究がある．Xu らは，AI が様々な分野に浸透して科学研究を加速する役割を果たすと論じている．そのような学術分野は，情報科学，数学，医学，材料科学，地球科学，生命科学，物理学，化学など多岐に亘るとし，それぞれの分野の応用例を列挙している．また，Zhang と Lu は AI 技術

---

(12)　C. Zhu and K. Motohashi, "Identifying the technology convergence using patent text information: A graph convolutional networks（GCN）-based approach," *Technol. Forecast. Soc. Change*, vol. 176, 2022, Art. no. 121477.

(13)　A. L. Porter, A. S. Cohen J. D., Ressner, and M. Perrault, "Measuring researcher interdisciplinarity," *Scientometrics*, vol. 72, no. 1, pp. 117–147, 2007.

(14)　Y. Xu, X. Liu, X. Cao, C. Huang, E. Liu, S. Qian, X. Liu, Y. Wu, F. Dong, C-W. Qiu, J. Qiu, K. Hua, W. Su, J. Wu, H. Xu, Y. Han, C. Fu, Z. Yin, M. Liu, R. Roepman, S. Dietmann, M. Virta, F. Kengara, Z. Zhang, L. Zhang, T. Zhao, J. Dai, J. Yang, L. Lan, M. Luo, Z. Liu, T. An, B. Zhang, X. He, S. Cong, X. Liu, W. Zhang, J. P. Lewis, J. M. Tiedje, Q. Wang, Z. An, F. Wang, L. Zhang, T. Huang, C. Lu, Z. Cai, F. Wang, and J. Zhang, "Artificial intelligence: A powerful paradigm for scientific research," *Innovation*, vol. 2, Nov. 2021, Art. no. 100179.

(15)　C. Zhang and Y. Lu, "Study on artificial intelligence: The state of

とその様々な分野への普及の状況，将来展望について網羅的に論じている．産業界への応用先として，自動車，金融市場，ヘルスケア，リテール，メディア，スマートペイ，スマートホームを挙げている．さらに，Dwivedi[16]らは AI が雇用を始めとして広く経済社会に影響を与えるとしつつ，その適用範囲の拡がりを指摘している．製造分野では知的な機械が互いにコミュニケーションを取りつつ，全体として機能するスマート・ファクトリーの進展に AI は寄与するし，ヘルスケア，特に医療インフォマティクスや乳がんの画像診断など AI の適用範囲が増えていく可能性があると論じている．教育や情報検索，他にもサプライチェーン，マーケティング，販売，基礎科学，中小企業，公共政策など幅広い領域に AI が応用されていくことになると推測している．

2-2 組織間連携に関する研究

組織間連携のうち産学連携に関する論文は多様かつ多産であるが，内容として定性的なものが多い．テーマとしては障壁となる組織文化の違いや組織に根付く要因，その課題を克服するための方策，組織同士が連携する動機やインセンティブなどが多く，中には産学連携のプロセスやメカニズムに焦点を当てたものもある．

Bourdieu's notion として知られる "habitus" は集団や組織が持つ性質であるが，Bjerregaard[17]は産学連携においてはその habitus が課題の一

---

the art and future prospects," *J. Ind. Inf. Integr.*, vol. 23, 2021, Art. no. 100224.

(16) Y. K. Dwivedi, L. Hughes, E. Ismagilova, G. Aarts, C. Coombs, T. Crick, Y. Duan, R. Dwivedi, J. Edwards, A. Eirug, V. Galanos, P. V. Ilavarasan, M. Janssen, P. Jones, A. K. Kar, H. Kizgin, B. Kronemann, B. Lal, B. Lucini, R. Medaglia, K. Le Meunier-FitzHugh, L. C. Le Meunier-FitzHugh, S. Misra, E. Mogaji, S. K. Sharma, J. B. Singh, V. Raghavan, R. Raman, N. P. Rana, S. Samothrakis, J. Spencer, K. Tamilmani, A. Tubadji, P. Walton, and M. D. Williams, "Artificial Intelligence (AI): Multidisciplinary perspectives on emerging challenges, opportunities, and agenda for research, practice and policy," *Int. J. Inf. Manage.*, vol. 57, 2021, Art. no. 101994.

(17) T. Bjerregaard, "Industry and academia in convergence: Micro-in-

つになっているとする．Zhang ら[18]は，産学官連携は参加者の科学的知見に正の影響を及ぼし，投資対効果に緩い正の影響を及ぼすとしている．中国科学院を例に，二者間連携の連携先が大学の場合は企業の場合よりも「科学的パフォーマンス」が良好であるとしている．

　研究者が産学連携に取り組むモチベーションの源泉・要因に関心を置く分析もある．Bhullar ら[19]は，これまでは（直接的）利益に重点を置いた調査研究が多かったとした上で，「知的なモチベーション」と産学連携の成果に影響を与える要因について分析し，経済的な価値を生むこともさることながら，学術的な成果を高めることも産学連携のモチベーションになっているとしている．その上で，産学連携は大学の研究活動の向上に資するだけでなく，大学だけでは得られない知見が広がることで教育活動の向上にも繋がると論じている．また，Banal-Estanol ら[20]は英国の 40 の大学を対象に過去 20 年に亘り政府機関からのグラントに企業のコファンドを伴う産学共同研究において，企業からのファンディングの割合と論文数との関係を分析した．この結果，企業からのファンディングの割合が大きくなり過ぎる（約 1/3 を超える）と論文数が減る傾向にあると結論付けている．さらに，Nsanzumuhire ら[21]は過去の 68 論文を "ground theory approach" により体系的に分類・分析し，連携のチャネル，メカニズム，ハードルについて論じ，産学連携の仕組みを掘り下げ，示唆を提示してい

　　stitutional dimensions of R&D collaboration," *Technovation*, vol. 30, pp. 100–108, 2010.

(18)　Y. Zhang, K. Chen, and X. Fu, "Scientific effects of Triple Helix interactions among research institutes, industries and universities," *Technovation*, vol. 86–87, pp. 33–47, 2019.

(19)　S. Bhullar, V. Nangia, and A. Batish, "Research article: The impact of academia-industry collaboration on core T academic activities: Assessing the latent dimensions," *Technol. Forecast. Soc. Change*, vol. 145, pp. 1–11, 2019.

(20)　A. Banal-Estanol, M. Jofre-Bonet, and C. Lawson, "The double-edged sword of industry collaboration: Evidence from engineering academics in the UK," *Res. Policy*, vol. 44, no. 6, pp. 1160–1175, Jul. 2015.

(21)　S. U. Nsanzumuhire, and W. Groot, "Context perspective on University-Industry Collaboration processes: A systematic review of literature", *J. Clean. Prod.*, vol. 258, 2020, Art. no. 120861.

る．特に，"commercial channels" を通じた協力関係は大学，企業双方に好まれないだけでなくあまり効果がないと分析している．

具体的な事例を分析したものもある．Amini らは AI 分野の産学連携による共同研究が年々増加していることを示し，MIT-IBM の共同研究プロジェクトを例に，AI 連携の意義を説明している．その中で，大きくかつ複層的に連携プロジェクトをスケールさせるためにハイレベルで必要となる事柄として，「ダイナミック・ポートフォリオの策定」，「AI チャレンジを用いた進捗測定」，「境界を超えた同志としての協力」，そして「知的財産の共有」を挙げている．また，Song と Runeson は自動運転のソフトウェア開発における産学連携の経験を元に教訓を提示している．組織文化の異なる企業と大学が共同研究を進めるに当たり乗り越えるべきいくつものハードルがあるのはどこでも同じであるが，Song と Runeson の研究で興味深いのは，成功シナリオだけでなく失敗シナリオも実直に挙げて，"Try to expose yourself and your research to others" や "Think positively about the negative results" などの教訓を導き出していることである．

一方で，多くはないが，産学連携について定量的な分析も行われている．Elsevier によれば，Scival による分析では産学連携論文数は近年増加傾向にあり，世界の各地域における産学連携論文は被引用数が相対的に高いとの結果を示している．今後についても，企業文化がよりオープンになる一方，大学も社会により開かれるようになっていて，「産学は上手く連携していける」と述べている．また，Calza らは，イタリア・カタルーニャ

---

(22)　L. Amini, C. H. Chen, D. Cox, A. Oliva, and A. Torralba, "Experiences and Insights for Collaborative Industry-Academic Research in Artificial Intelligence," *AI MAG.*, SPRING 2020, pp. 70-81, 2020.

(23)　Q. Song and P. Runeson, "Industry-academia collaboration for realism in software engineering research: Insights and recommendations," *Inf. Softw. Technol.*, vol. 156, 2023, Art. no. 107135.

(24)　Elsevier, "University-industry collaboration: A closer look for research leaders," Updated: January 27, 2021. [Online]. Available: https://www.elsevier.com/research-intelligence/university-industry-collaboration

地方の企業にアンケートを取って，産学連携に取り組む動機を定量化しようとしている．ローテク企業よりハイテク企業の方が産学連携における大学への期待が高く，政策立案におけるインセンティブ設計はこの点を考慮すべきと提案する．さらに，Martínez-Plumed ら[26]は，AI 分野におけるコミュニティに着目し，産学をまとめて，また，組織単体だけでなく複数組織のパフォーマンスを測定するベンチマークを設定し，そのベンチマークと大きなジャンプがある（disruptive である）こととの関係性を論じている．産学連携のような「ハイブリッドコミュニティ」の方が単一組織より大きなジャンプがあることを示すとともに，注目を集めている大学の AI 研究者が巨大なテック企業に取り込まれることが多くなっていることも指摘している．

　最近になって AI 研究における産学連携の特徴を捉えようとする研究成果が発表されるようになっている．そのような中で AI 研究の産学のバランスについて懸念する声も出始めている．Ahmed ら[27]は，近年の AI 研究の重心が産業界に傾いていると述べている．産業界がデータ，計算資源，人材のそれぞれにおいて優位にあり，例えばデータについて優位にある理由として企業はユーザーとの接面が広いことを挙げている．論文については，「主要な AI の会議での論文の中で一人以上産業界の共著者がいる比率が 2000 年に 22% だったのが 2022 年には 38% と 2 倍近くに増えている」としている．Woolston[28]は「プラットフォーマーが AI の専門知識

(25)　F. Calza, E. G. Carayannis, E. Panetti, and A. Parmentola, "The Role of University in the Smart Specialization Strategy: Exploring How University–Industry Interactions Change in Different Technological Domains," *IEEE Trans. Eng. Manage.*, vol. 69, no. 6, pp. 2649–2657, Dec. 2022.

(26)　F. Martínez-Plumed, P. Barredo, S. Ó hÉigeartaigh, and J. Hernández-Orallo, "Research community dynamics behind popular AI benchmarks," *Nature Mach. Intell.*, vol. 3, pp. 581–589. Jul. 2021.

(27)　N. Ahmed, M. Wahed, and N. C. Thompson, "The growing influence of industry in AI research -Industry is gaining control over the technology's future-," *Science*, vol. 379, no. 6635, pp. 884–886, Mar. 2023.

(28)　C. Woolston, "Are tech giants hoarding AI expertise? The flow of

を買い溜めしているか」というタイトルで，大学よりプラットフォーマーに移る方が執筆する論文がより注目されるようになり，また，待遇面も驚くほどの条件提示がなされるなど，その魅力からAI研究者が大学から企業に流出している現状を明らかにしている．一方で，そのようなAI研究者がデュアルアポイントメントで大学に籍を一部残すこともあり，このことは企業にとって大学とのアクセスが容易になるだけでなく，「大学にとっても企業とパートナーシップを組めることから新しい協力の機会になっている」とした前向きに捉える意見も紹介している．JurowetzkiらはAIの基礎研究において企業が重要な役割を果たすようになっているが，学術界から産業界に「AI研究者が流出する状況（"brain drain"）は長い目で見て社会の利益を制限しかねない」と指摘している．2019年にはAI研究者が大学から企業（Google, Microsoft, Facebook等）にネットで約200人流出し，トップ5%の学術機関のAI研究者の約1/4が企業に移っており，また，大学のAI研究者は企業に移って論文発表が減っても一時的にではあるが被引用数は約2倍になっていると論じている．このような分析結果を得て，AI技術の将来が私企業に翻弄されないよう公的機関のAI研究を強化すべき旨警鐘を鳴らしている．

2-3 新興領域・トピックに関する研究

研究の最先端で何が行われているか，その中でホットな研究課題は何かを探ることは，政策立案に関わる政策担当者，技術経営に携わる多くの経営者・管理者の関心事である．その関心に対して示唆を提供するトピック分析は自然言語処理研究が進展する中で，近年大いに発展を遂げてきた．
そのようなトピック分析の手法として，トピックモデルを始め様々なア

---

top researchers to industry brings challenges and opportunity," *Nature*, vol. 610, pp. S26–S27, Oct. 2022.

(29)　R. Jurowetzki, D. S. Hain, J. Mateos-Garcia, and K. Stathoulopoulos, "The Privatization of AI Research (-ers): Causes and Potential Consequences — From university-industry interaction to public research brain-drain? —," Feb. 2021. [Online]. Available: https://arxiv.org/abs/2102.01648

プローチが提案され，検証が行われてきた．Lee と Kang は，技術とイノベーションのマネジメント（TIM）に関連するジャーナルを分析し，トピックモデルアプローチを採用することで，論文の頻出語句をホットトピックとコールドトピックとに分類した．また，Guo らは「ワードバーストの発生」など３つの指標を組み合わせて，新たに出現する研究領域を特定するモデルを提唱している．PNAS と Scientometrics の掲載論文を対象に新たなトピックについて出現期間を特定しつつ，トピックに応じて強度を変えて表現した．さらに，Small らは論文引用に基づく２つの手法（直接引用・共引用）を用いて，一定期間に出現した研究トピックのトップ25 を特定した．結果として，トピック分析においては，論文引用に基づく手法は以前から行われているケーススタディ等の手法よりも有効であるとしている．加えて，柴田らは太陽電池に焦点を当て，論文と特許の各々のレイヤーにおけるネットワーク分析を通じてコミュニティの形成過程を可視化するとともに，専門家の視点でレイヤー間の論文・特許相互の関連性について論じている．

　Latent Dirichlet Allocation（LDA）は，コーパスの生成的確率モデルであり，文書の文脈を理解するかのような「文中に内在するトピック確率一式」を計算する．Griffiths と Steyvers は PNAS の論文データセット

---

(30)　H. Lee and P. Kang, "Identifying core topics in technology and innovation management studies: a topic model approach," *J. Technol. Transf.*, vol. 43, pp. 1291–1317, 2018.

(31)　H. Guo, S. Weingart, and K. Borner, "Mixed-indicators model for identifying emerging research areas," *Scientometrics*, vol. 89, pp. 431–435, 2011.

(32)　H. Small, K. W. Boyack, and R. Klavans, "Identifying emerging topics in science and technology," *Res. Policy*, vol. 43, pp. 1367–1450, 2014.

(33)　N. Shibata, Y. Kajikawa, Y. Takeda, and K. Matsushima, "Detecting emerging research fronts based on topological measures in citation networks of scientific publications," *Technovation*, vol. 78, no. 2, pp. 274–282, 2010.

(34)　D. M. Blei, A. Y. Ng, and M. I. Jordan, "Latent Dirichlet allocation," in *the 18th ICML*, MA, USA, Jun.-Jul. 2001, vol. 3, no. 4–5, pp. 933–1022.

(35)　T. L. Griffiths and M. Steyvers, "Finding scientific topics," *PNAS*,

を対象としてLDAの統計的手法により論文概要からトピックを抽出する手法を提起している．これにより，特定の知識領域に含まれる意味を理解したり，文書上の重要語句を抽出したりすることができるようになると強調している．MühlrothとGrottkeは，AIイノベーションの新たなトレンドを発見するために，文書のトピックを推定するための単語の共起を考慮した．その上でLDAを3つの新興技術に適用して，その有用性を示している．Miaoらは，LDAと"HDP (Hierarchical Dirichlet Process)"，"VAE (Variational Autoencoder)"を用いて表現したニューラル・トピック・モデルを発表した．本研究はその後のトピック分析研究において大きな影響を与えている．

　新興領域・トピック分析の発展形として，研究成果が将来的に大きく活用されるポテンシャルのある研究テーマを定量的・定性的に特定する論文もある．Zhouらは，金ナノ粒子研究を事例として，"SAO (Subject-Action-Object)"分析を始めとする多様な手法を組み合わせて"TIPs (Technological Innovation Pathways)"を表現し，'biomolecule modified gold nanoparticles'が癌診療に，'gold nanorods'が色素増感太陽電池に繋がっていくシナリオの可能性が高いことを示している．この場合の指標としては，書誌学的指標を補完するものとしてソーシャルメディア，マスメディア等の反応も加味した"altmetrics"を用いている．

---

　　vol. 101, Suppl. 1, pp. 5228–5235, Apr. 2004.

(36)　C. Mühlroth and Grottke, "Artificial Intelligence in Innovation: How to Spot Emerging Trends and Technologies," *IEEE Trans. Eng. Manag.*, vol. 69, no. 2, Apr. 2022.

(37)　Y. Miao, E. Grefenstette, and P. Blunsom, "Discovering Discrete Latent Topics with Neural Variational Inference," in *34th ICML*, Sydney, Australia, Aug. 2017, vol. 70. pp. 2410–2419.

(38)　X. Zhou, Y. Guo, F. Li, J. Wang, H. Wei, M. Yu, and S. Chen, "Identifying and Assessing Innovation Pathways for Emerging Technologies: A Hybrid Approach Based on Text Mining and Altmetrics," *IEEE Trans. Eng. Manage.*, vol. 68, no. 5, Oct. 2021.

2-4　デジタル・人工知能とその融合に関する研究

　広い分野に普及し，発展が目覚ましいデジタル技術に関しては，Guy [39] がその効果や効用に関して論じている．'Medium/Forms', 'Metric/Non-metric' という２次元で考えると，「デジタル文化は群衆の中の 'Nonmetric Form' の問題として組み直すことができる」としている．Gault は， [40] デジタル時代にあっては，ユーザーが自ら製品やプロセスを考案するイノベーターになれるようになっており，オスロ・マニュアル 2018 の改訂を紹介しつつ，「ユーザー・イノベーション」の定義も変わってきているとしている．

　デジタル・AI が更に普及していく上での方法や課題について述べた論文もある．Brem らは，[41] AI の応用可能性やそのポテンシャルについて広く把握し効果を高めるには，そのマネジメントの仕方が重要になるとしている．この場合，AI の持つ特徴である 'originator', 'facilitator' の２つの視点，テクノロジー・プッシュとマーケット・プルの２つのアプローチが重要で，マネジメントの仕方によっては AI には学術界でも産業界でも広く応用されるポテンシャルがあると指摘している．また，Shao らはこ [42] の 10 年間の AI の発展の軌跡について分析し，"Master Reading Tree (MRT)" を用いて "BERT" や "deep learning" について具体的な発展の系譜を示すとともに，将来の AI の向かう方向性についても言及している．

---

(39)　J. S. Guy, "Digital technology, digital culture and the metric/non-metric distinction," *Technol. Foercast. Soc. Change*, vol. 145, pp. 55–61, 2019.

(40)　F. Gault, "User Innovation in the Digital Economy," *Foresight STI Gov.*, vol. 13, no. 3, pp. 6–12, 2019.

(41)　A. Brem, F. Giones, and M.l Werle, "The AI Digital Revolution in Innovation: A Conceptual Framework of Artificial Intelligence Technologies for the Management of Innovation," *IEEE Trans. Eng. Manage.*, vol. 70, no. 2, pp. 770–776, Feb. 2023.

(42)　Z. Shao, R. Zhao, S. Yuan, M. Ding, and Y. Wang, "Tracing the evolution of AI in the past decade and forecasting the emerging trends," *Expert Syst. With Appl.*, vol. 209, Dec. 2022, Art. no. 118221.

ただし，AI はまだ発展し始めたばかりで現時点では応用範囲は限定的であり，今後は AI の欠点を克服していく，すなわち，「説明可能性，強靱さ，安全性・信頼性，スケーラビリティを高めていくことが不可欠である」と強調している．

2010 年代の AI 研究の急進は言うまでもない．以前は画像処理と音声認識が注目され，近年は自然言語処理の発展が目覚ましく，医療応用などの融合研究も増えてきている．2010 年代後半になって画像処理や NLP 等の分野では，人間の能力を超えたとされる手法が提案されている．Hinton らによる功績は広く知られているところであるが，先進的な AI 研究において，企業，特に巨大テックが果たす役割が大きくなってきている．例えば，NLP の分野では，2017 年に Google の研究チームが中心となって発表した "Transformer" が注目を集め，その後 "BERT"（Google），"GPT3"（OpenAI）などが続き，人間の能力を超えたと言われる成果を上げている．直近では，大規模言語処理モデル（Large Language Model: LLM）である "GPT3" をベースとした生成 AI（"generative AI"），"ChatGPT" が注目を集めている．他の分野でも，近年話題になっている Google の "AlphaFold 2" がタンパク質の構造解析に大きく貢献している．
NLP 研究は近年目覚ましい発展を遂げており，文書処理などへの応用展開も加速している．Dessí らは NLP によるコンピュータサイエンス分野における知識グラフの生成を試みている．その知識グラフは 670 万件の論文概要から得た 4100 万の 'statements' を含み，これらはある研究コミュニティで使用される専門用語を提供したり，探したい文献を推薦したり，融合先の候補となる学術領域を示したりするだけでなく，「研究の

---

(43)　Y. LeCun, Y. Bengio, and J. Hinton, "Deep learning," *Nature*, vol. 521, pp. 436-444, 2015.

(44)　A. Vaswani, N. Shazeer, N. Parmar, J. Uszkoreit, L. Jones, A. N. Gomez, Ł. Kaiser, and I. Polosukhin, "Attention Is All You Need," in *31st NeurIPS*, CA, USA, 2017.

(45)　D. Dessí, F. Osborne, D. R. Recupero, D. Buscaldi, and E. Motta, "SCICERO: A deep learning and NLP approach for generating scientific knowledge graphs in the computer science domain," *Knowledge-Based Systems*, vol. 258, 2022, Art. no. 109945.

トレンド予測や仮説生成にも使われるであろう」と述べている．また，Lathabai⁽⁴⁶⁾らは組織の強みやコアコンピタンスを考慮しつつ共同研究のパートナーを推薦するシステムの構築を試みている．195のインドの学術機関を分析し，適切にパートナーを推薦することができるようになったとしている．さらに，Kwabena⁽⁴⁷⁾らは環境科学分野のシステマティック・レビューを行うに当たり，当該分野のジャーナル・データベースから重要語句を特定するシステムの構築を試みている．結果として，構築されたシステムを用いることでシステマティック・レビューにおいて必要となる時間やリソースを大幅に削減することができたとしている．

　一方，"ChatGPT"の活用を始め，NLP研究の進展による教育等への影響や差別等の倫理面を懸念する声も出始めている．Dwivedi⁽⁴⁸⁾らは生成AIの展望，学術領域へのインパクト，倫理的課題など5つのカテゴリーに

---

(46)　H. H. Lathabai, A. Nandy, and V. K. Singh, "Institutional collaboration recommendation: An expertise-based framework using NLP and network analysis," *Expert Syst. With Appl.*, vol. 209, 2022, Art. no. 118317.

(47)　A. E. Kwabena, O-B Wiafe, B-D John, A. Bernard, and F. A. F. Boateng, "An automated method for developing search strategies for systematic review using Natural Language Processing (NLP)," *MethodsX*, vol. 10, 2023, Art. no. 101935.

(48)　Y. K. Dwivedi, N. Kshetri, L. Hughe, E. L. Slade, A. Jeyaraj, A. K. Kar, A. M. Baabdullah, A. Koohang, V. Raghavan, M. Ahuja, H. Albanna, M. A. Albashrawi, A. S. Al-Busaidi, J. Balakrishnanp, 1, Y. Barlette, S. Basur, I. Boses, L. Brooks, D. Buhalisu, L. Carter, S. Chowdhury, T. Crick, S. W. Cunningham, G. H. Davies, R. M. Davison, R. Dé, D. Dennehy, Y. Duan, R. Dubey, R. Dwivedi, J. S. Edwards, C. Flavián, R. Gauld, V. Grover, M.-C. Hu, M. Janssen, P. Jones, I. Junglas, S. Khorana, S. Kraus, K. R. Larsen, P. Latreille, S. Laumer, F. T. Malik, A. Mardan, M. Mariani, S. Mithas, E. Mogaji, J. H. Nord, S. O'Connor, F. Okumus, M. Pagani, N. Pandey, S. Papagiannidis, I. O. Pappas, N. Pathak, J. Pries-Heje, R. Raman, N. P. Rana, S.-V. Rehm, S. Ribeiro-Navarrete, A. Richter, F. Rowe, S. Sarker, B. C. Stahl, M. K. Tiwari, W. van der Aalst, V. Venkatesh, G. Viglia, M. Wade, P. Walton, J. Wirtz, and R. Wright, ""So what if ChatGPT wrote it?" Multidisciplinary perspectives on opportunities, challenges and implications of generative conversational AI for research, practice and policy," *Int. J. Inf. Manage.*, vol. 71, 2023, Art. no. 102642.

分けて，計43の懸念それぞれについて専門家の見解を挙げて整理している．例えば，教育等への影響については，大学では学生が効率的に学習でき，教員は本来的に取り組むべきことに集中できるというメリットがある一方，論文やレポートを書く場合に剽窃の懸念が生じ，倫理的課題については，フェイクニュースや情報過多の問題を始め，「不可逆性，新規性，セキュリティ等にも懸念がある」と述べている．これはAIに限った話ではなく，革新的技術については必然的に社会的受容性の問題が生じ得る．負の影響を抑制しつつ，正の効果を十分活用できるよう，技術の進展と並行して慎重に議論を尽くす必要があろう．

　人工知能の分野を対象としたネットワーク分析を行っている論文はあるが，多くは見当たらない．しかし，中には例えばAI分野の技術融合分析の一つの手法を示すなど，先行研究として重要な研究もあり，また近年増えてきているように見受けられる．

　具体的には，Wenら[49]はScivalにより人工知能研究の最先端を探索する研究を行い，顕著な領域における頻出語句をワードクラウドで表現している．例えばNLP領域については，医療融合と思われるトピックとして'Electric Health Records', 'Clinical Narratives' 等が抽出されると述べている．これは本研究における可視化の手法として大変参考になる．また，Frankら[50]の論文は，"Microsoft Academic Graph"を用いてAIとその関連分野の書誌学的発展を可視化している．AI関連研究はコンピュータ科学における論文の大きな比率を占めるようになってきているが，大学だけでなく企業による研究の貢献も大きいと述べている．企業単著の論文は減っているが，大学と企業による共著論文は増えていることも指摘している．この研究は，AI研究について定量的にそのインパクトを提示している点において注目に値する．さらに，Vahidniaら[51]はAIを検索語として論文

---

(49)　L. Wen, Y. Lu, H. Li, S. Long, and J. Li, "Detecting of Research Front Topic in Artificial Intelligence Based on SciVal," in *AIAM2020*, Manchester, United Kingdom, Oct. 2020, pp. 145-149.

(50)　M. Frank, D. Wang, M. Cebrian, and I. Rahwan, "The evolution of citation graphs in artificial intelligence research," *Nature Mach. Intell.*, vol. 1, pp. 79-85, 2019.

データセットを用いて当該分野の発展プロセスを可視化しようと試みている．ここでは論文概要とタイトルから重要語を抽出，ベクトル化し，LDA とは異なる独自手法でキーワードを可視化する．これは本研究において初期段階に取り組もうとしていた手法に極めて近い．

AI 融合について議論する場合，どのような技術が "general purpose technology（GPT）" に相当するかを知っておくことは AI の技術としての位置付けを把握する上で助けになる．GPT は経済全体に大きな波及効果のある技術（'enabling technologies'）で，Bresnahan と Trajtenberg は過去の代表例として，蒸気エンジン，電気モーター，半導体を挙げ，それらは「急速な技術進歩と経済成長を後押しする正のフィードバックを形成する役割を果たす」と述べている．また，Bresnahan は GPT について，「広く使われている，技術進歩が現在進行中である，応用分野でイノベーションを起こす」という 3 つの要件を満たすものと定義する．Bresnahan が Trajtenberg とともに GPT について研究に取り組むようになったのは，コンピュータが広範な分野の応用に繋がっている状況に心を動かされたことを理由として挙げている．

多くの研究からすると，AI は GPT の一つであると考えて差し支えない．特許分析による研究の中で，Petralia は特許活動を見ると 1950-2010 年の 60 年間で C&C（Computer and Communication）技術が E&E（Electric and Electronic）等の技術を超えて GPT の中で一番大きなカテゴリーになっていることを指摘している（2010 年で 33.5% のシェアを占

---

(51)　S. Vahidnia, A. Abbasi, and H. A. Abbass, "A Framework for Understanding the Dynamics of Science: A Case Study on AI," *Procedia Comp. Sci.*, vol. 177, pp. 581-586, 2020.

(52)　T. F. Bresnahan and M. Trajtenberg, "General purpose technologies 'Engines of growth'?" *J. Econ.*, vol. 65, no. 1, pp. 83-108, Jan. 1995.

(53)　T. F. Bresnahan, "Chapter 18 - General Purpose Technologies," in *Handbook of the Econ. of Innov.*, B. Hall, N. Rosenberg, Eds., Amsterdam, Netherlands: North Holland, 2010, pp. 761-791.

(54)　S. Petralia, "Mapping general purpose technologies with patent data," *Res. Policy*, vol. 49, no. 1, Sep. 2021, Art. no. 104013.

める）．Goldfarb ら[55]は求人活動を技術の発展の指標と捉えて，過去 10 年の求人活動の動向から GPT を厳選した．その結果，21 の候補技術のうち machine learning, business intelligence, big data, data mining, data science, NLP の 6 つが GPT の傾向が見られると結論付けている．

　AI 融合の具体的な事例を文献から探究すると，AI は医療やヘルスケア，特にバイオインフォマティクス，ドラッグディスカバリー，MRI や CT による画像診断などと親和性があることが分かる．

　具体的には，Min ら[56]はオミックス，医用生体画像，医用生体信号処理に AI を適用し，バイオインフォマティクスのデータは複雑かつ高次元であり，「バイオインフォマティクス研究において深層学習は極めて有望」としている．深層学習，CNN, RNN を始め新しい AI モデルを広く医療分野に応用することは産学双方にとって意義があることを強調する．データの量的制約や偏在，"multimodal deep learning" の必要性についても課題として触れている．また，Ushio と Carpenter[57] は AI の創薬への適用が急進する一方，成功するためにはデータの統合など創薬への AI 活用に向けた環境整備が重要とする．ポジティブデータだけでなくネガディブデータがデータに含まれ，「両方が揃うことで AI の予測能力は増す」と述べている．さらに，Yu ら[58]は X 線写真の画像処理は既に専門家の診断精度に達するなど，これまで医療の専門家が担っていた様々なタスクを AI が担うようになるとしている．一方で，医療への AI 適用の更なる発展のためには，学際的であることが重要で，他部門の協力が必要と指摘している．

---

(55)　A. Goldfarb, B. Taska, and F. Teodoridis, "Could machine learning be a general purpose technology? A comparison of emerging technologies using data from online job postings," *Res. Policy*, vol. 52, no. 1, Jan. 2023, Art. no. 104653.

(56)　S. Min, B. Lee, and S. Yoon, "Deep learning in bioinformatics," *Briefings in Bioinformatics*, vol. 18, no. 5, pp. 851–869, 2017.

(57)　M. Ushio and Z. Carpenter, "AI for drug discovery is advancing rapidly: We need smart biology for it to fulfill its mission," *Drug Discov. Today*, vol. 1, no. 1, pp. 1–2, Jan. 2022.

(58)　K-H Yu, A. L. Beam, and I. S. Kohane, "Artificial intelligence in healthcare," *nature biomed. eng.*, vol. 2, pp. 719–731, Oct. 2018.

加えて，Sood らはヘルスケア領域において，影響力のある学術誌を対象に書誌学的アプローチによる論文の国，著者等の分析を実施するだけでなく，単語の共起ネットワーク分析により論文に頻出する単語の組合せ抽出（例．Deep Learning と X ray image）も行っている．結論として，AI のような新たに出現する技術を活用しつつも，共同研究をもっと増やすべきであると指摘する．この他，Tran らは Web of Science の論文データセットから医療への AI 適用に関する論文を抽出し，書誌学的なアプローチにより "AI in medicine（AIM）" のパターンや傾向，具体的には著者，国，対象疾患等についての分析を試みている．医療と AI の融合論文は 2000 年代に入って急激に伸びているが，その転換点は 2002-2003 年であったとし，また，融合論文が対象とする疾患としてはがんが最も多く，心疾患，眼の疾患がそれに続くと分析している．

なお，AI 融合の学術誌として，2021 年 12 月には "Artificial Intelligence in the Life Sciences" という学術誌の発刊が開始されている．

2-5 その他の関連研究

論文と特許の繋がり（科学技術リンケージ：Science & Technology Linkage）に関する論文の中では，上述の柴田らの論文に加え，Suominen らが Taxol という抗がん剤を例に，LDA も活用しつつ創薬分野における論

---

(59)　S. K. Sood, K. S. Rawat, and D. Kumar, "A visual review of artificial intelligence and Industry 4.0 in healthcare," *Comput. Elect. Eng.*, vol. 101, 2022, Art. no. 107948.

(60)　B. X. Tran, G. T. Vu, G. H. Ha, Q-H Vuong, M-T Ho, T-T Vuong, V-P La, M-T Ho, K-C P. Nghiem, H. L. T. Nguyen, C. A. Latkin, W. W. S. Tam, N-M Cheung, H-K T. Nguyen, C. S. H. Ho, and R. C. M. Ho, "Global Evolution of Research in Artificial Intelligence in Health and Medicine: A Bibliometric Study," *J. Clin. Med.*, vol. 8, no. 360, 2019, Art. no. jcm8030360.

(61)　A. Suominen, S. Ranaei, and O. Dedehayir "Exploration of Science and Technology Interaction: A Case Study on Taxol," *IEEE Trans. Eng. Manage.*, vol. 68, no. 6, pp. 1786-1801, Dec. 2021.

文と特許とのセマンティックな重なりについて論じている．引用・被引用という明示的な繋がりを用いるのではなく，論文と特許の間のトピックの重なりを分析することで，医療分野，特に創薬において論文と特許が非常に近い関係にあることを明らかにした．このことは，創薬研究に取り組む上で学術界（大学（病院））と産業界（創薬企業）が近い関係にあることを示唆している．創薬を目指した臨床研究は産学が共同して進めることが多いことを考慮すると，これは得心のいく結果と言える．

2-6　本研究の位置付け

　本研究は，AI分野における研究トレンド分析のための手法として論文引用ネットワーク分析を用いる点においてはVahidniaらによる研究に近いと言えるが，単一技術でなく技術融合を対象としており，さらに産学連携もイノベーションを担う考慮要因として分析している点に新規性がある．つまり，分野間融合と組織間連携を組み合わせて分析することで，先行研究にはなかったいくつかの付加価値を提供している．具体的には，本研究では，分野間融合ではAIの融合先として注目される分野を特定するとともに，組織間連携では，AIとの関連において『両利き研究者』とともに注目される組織の組合せを特定する．そのことにより，本研究では，what（テーマやトピック）だけでなくhow（技術の組合せ）とwho（人・組織の組合せ）に関する情報を提供することができる．

　本研究は分野間融合，組織間連携，AI研究の重なる部分に位置付けられるが，その3つの重なりに位置する先行研究はなく，本研究が扱う主題は独自性の高いものと考えられる．また，先行研究と比較すると大規模論文データベース全体を直接かつ細かい粒度で扱うことにより，分析結果の解像度が高い点が本研究の特徴である．

　本研究において使用するのはScopusの論文データセットであり，分析はPythonによる独自のコーディングにより行っている．本研究は，いわゆる "Science of Science" を目指したものであるが，同時に，AI分野において分野間融合（いわゆる技術融合）・組織間連携（産学連携を含む）

をまとめ上げた統合的・俯瞰的研究とも言える.

第3章 データセット・検索と抽出・クラスタリング

　データ分析を実施する上で一定の前準備が必要となる．本章では，データの前処理を行うとともに，識別子を設定し，AI論文，産学共著論文など，研究分野・テーマや著者の所属を特定するための独自の論文検索・抽出手法について実証実験を通じて確立した．また，論文引用ネットワークのクラスタリングによりコミュニティを特定し，コミュニティ毎にトピック分析を行うといった一連の分析手順を定めた．本章で定めた手法・手順は以降の各章において統一的に使用している．

3-1　データセット

　データはElsevierのScopusのデータセットを使用した．同データセットはPythonでコーディングしたプログラムにより分析可能となっている．同データセットには2020年までの論文74,788,191件（以下，「論文データセット」），論文間の引用・被引用関係1,246,465,959件（以下，「引用・被引用データセット」）が格納されている．また，著者と組織については，IDと実名を紐付けるデータセット（以下，「著者・所属データセット」）が存在する．

　論文データセットについて，本研究において使用した各論文のデータ項

目は以下のとおりである.

論文 ID, 著者 ID, 組織 ID, 発表年月, タイトル, 概要

研究目的とする分析を円滑に行えるよう, 論文データセット, 引用・被引用データセット, 著者・所属データセットについて一定の加工を行った. この結果, 論文データセットのデータ項目については以下のようになっている.

論文 ID, 著者【名】, 組織【名】, 発表年月, タイトル, 概要【, 被引用数】
(【 】内は加工後)

前準備として取り組んだこれらの加工プロセスについて以下に示す.

3-1-1　各論文の被引用数計算とデータ項目追加

論文間の引用・被引用関係を示す元データとなる引用・被引用データセットは, 引用論文の論文 ID を 'source', 被引用論文の論文 ID を 'target' として列挙されている. 各論文の被引用数は, 対象とする論文 ID が 'target' にいくつあるかカウントすることにより把握できる. そのような計算を各論文について行い, データ項目の一つとして追加した.

なお, 一般的に新しい論文の被引用数は過去の蓄積が少ない分小さくなる傾向があることから, 過去の全ての論文, 特に古い論文と新しい論文の被引用数を同じように扱うのは無理がある. そこで, 一部の分析においては, 過去の引用履歴に囚われ過ぎないよう, 年限を区切って当該期間に発表された論文が引用した論文, つまり一定期間に引用された論文の被引用数をカウントし,「特定期間における論文の被引用数」として使用している (特に第 5 章).

3-1-2　著者 ID・組織 ID の組織名・著者名への変換とデータ置換

Scopus のデータセットには, 著者 ID と組織 ID がそれぞれ実際の著者

	eid	author	afs	ym	title	abstract	citd
14949207	2-s2.0-0014949207	[Laemmli U.K.]	[MRC Laboratory of Molecular Biology]	197012	Cleavage of structural proteins during the ass...	Using an improved method of gel electrophores...	200617
17184389	2-s2.0-0017184389	[Bradford M.M.]	[University of Georgia]	197605	A rapid and sensitive method for the quantitat...	A protein determination method which involves...	199280
4243943295	2-s2.0-4243943295	[Perdew J.P., Burke K., Ernzerhof M.]	[Tulane University, Tulane University, Tulane ...]	199601	Generalized gradient approximation made simple	Generalized gradient approximations (GGA's) f...	101301
35710746	2-s2.0-0035710746	[Livak K.J., Schmittgen T.D.]	[Applied Biosystems, Washington State University]	200101	Analysis of relative gene expression data usin...	The two most commonly used methods to analyze...	94089
189651	2-s2.0-0000189651	[Becke A.D.]	[Queen's University]	199301	Density-functional thermochemistry. III. The r...	Despite the remarkable thermochemical accurac...	80154

表 3-1 全論文を被引用数の降順で並べたリスト（トップ 5 のみ）

名，組織名と紐付けられている著者・所属データセットが存在する．

　著者 ID のデータの順序と組織 ID の順序とは対応関係があり，例えば，ある論文データにおける 2 番目の著者 ID の所属は 2 番目の組織 ID に対応する．著者 ID と組織 ID を著者・所属データセットにより著者名と組織名に置換し，これを各論文データの著者・組織を表すデータとした．これにより，順序を見て著者名と組織名を対応付けることができるようになる．

　なお，本データセットにおいて同一論文に同一の著者 ID が 2 つ以上現れる場合は，著者の所属が 2 つ以上あることを意味する．この場合も順序を見て，ある著者の所属する複数の組織がどこかを把握することができる．

　改めて，分析対象とする論文データセットのデータ項目は論文毎に以下のとおりとなっている．

　論文 ID，著者名，組織名，発表年月，タイトル，概要，被引用数
　（検索対象を広げるため『キーワード』も後に項目として追加）

　上述のデータ項目に整理した全論文を被引用数の上位から順に（ただしトップ 5 のみ）並べたリストを表 3-1 に例示する．

【微調整】
　データ分析が行いやすくなるよう，2020 年までの論文（約 7.5 千万件），

組織ID	101	101	103
組織名	A大学	A大学 B専攻	A大学 C専攻

組織ID、組織名のバラつき 統一

組織ID	101	101	101
組織名	A大学	A大学	A大学

図3-1 組織ID・組織名の統一手法

論文間の引用関係（約12.5億件）の原データについて一定の調整を行った[1]．論文については，同一組織でも組織IDや組織名の表記が異なること（表記揺れ）があるため，組織IDや組織名の表記が異なる場合は，最頻の組織IDとこれに紐付く組織名のうち上位の名称に統一することとした．例えば，同一組織で3つの組織IDと組織名の組合せがあったとして，組織IDが2つは101，1つは103で，組織名が順にA大学，A大学B専攻，A大学C専攻である場合には，3つとも組織IDとしては101，組織名としてはA大学で統一することとした（図3-1）．

3-2 検索語の特定と論文抽出

3-2-1 技術融合論文と特定分野の論文抽出

(1) 技術融合論文の抽出

技術融合の多くは，現在抱えている研究課題のブレークスルーが欲しいときに，他の分野での知見を適用できないかと考え，試行錯誤の末，ある手法が課題に適合することで大きな問題解決に繋がるというものであろう．通常は研究者一人では限度があるため，多くの場合，複数分野の研究者が協力して研究に取り組む組織間連携を通じて，又はそれがきっかけとなって技術融合が生じる．それではどのような場合に技術融合があったと呼び，どのような論文を技術融合論文と定義すればよいであろうか．

---

(1) T. Miura, K. Asatani, and I. Sakata, "Identifying Affiliation Effects on Innovation Enhancement," in *PICMET'19*, OR, USA, Aug. 2019, pp. 892–899.

ここでは，論文概要に２つの異なる分野の検索語を含む論文を抽出し，これを技術融合論文として定義することにした．抽出結果を個別に確認すると，概要に例示として分野を挙げているだけのものなども含まれるため，厳密には概要に異分野の検索語を含む論文が真に技術融合論文になっているかは議論のあるところである．ただし，どれだけ厳密さを追求してもノイズは含まれる（正確さに限度がある）ことは幾多の実証実験，様々な試行錯誤を通じて分かったため，全体像を把握すること，つまり，厳密さよりも簡易さを優先して分析を進めることとした（以下，【検証】参照）．

なお，既述のとおり，検索技術に関する研究はそれ自体一つの大きな研究課題となるため，本研究ではこれ以上の深掘りは避けたが，一部の検索語についてはその妥当性を検証し，別の又は複数の検索語に置き換えるなど調整を行っている．

【検証】

抽出論文が本当に技術融合論文と言えるかを検証するため，4-2において例示する 'medical' and 'information technology'，'chemical' and 'artificial intelligence'，'game' and 'artificial intelligence' の３種類の技術融合それぞれについて，抽出された高被引用論文の概要を目視により確認した．ランダム・サンプリングを実施すると被引用数がゼロや１といったロングテールの右側に位置する論文が多く抽出されるため，ここでは上位の高被引用論文を検証対象とした．この場合，３種類の抽出論文数 4115，1114，1942 の 2.5% に相当する 100，30，50 の論文を検証対象の母集団とした．

確認する過程で，明らかに技術融合を取り扱っているとは言えない論文がある一方で，線引きが難しい論文も相当数あった．とりまとめると表3-2 のとおりとなる．

個別に見ると，'game' and 'artificial intelligence' で抽出された中には，'game theory'，'zero sum game' など技術融合に該当しないことが明らかな論文が見られた．一方で，'medical' and 'information technology' で抽出された中には調査結果（アンケート，インタビュー等）をまとめた論文もあり，その調査項目の一つに 'information technology' が含まれる

掛け合わせの種類	技術融合の該非	該当する	判別が難しい （例示など）	該当せず
'medical' and 'information technology'		83 (83%) 86 (86%)	3 (3%)	14 (14%)
'chemical' and 'artificial intelligence'		21 (70%) 24 (80%)	3 (10%)	6 (20%)
'game' and 'artificial intelligence'		33 (66%) 39 (78%)	6 (12%)	11 (22%)

表 3-2　抽出論文（3種類）の技術融合の該非

ケースは実際には「判別が難しい」ところだが，ここでは安全サイドの「該当せず」に分類している．また，'chemical' and 'artificial intelligence' では生物化学の範疇に含まれる場合は一般的な化学とは異なるイメージがあることから，ここでは「判別が難しい」又は安全サイドの「該当せず」に分類している．したがって，上表において「判別が難しい」，「該当せず」に分類した場合でも，技術融合を取り扱っている論文か否かという点においてその可能性のあるものも多数含まれる．そこで表 3-2 には「判別が難しい」とした論文を「該当する」とした論文とを合算した数も併せて記載した．本表において，「該当する」と「判別が難しい」を合計すると，いずれも 80% に近い又はそれを超える値となっていることが確認できる．

　まとめると，大半は技術融合と呼べる結果となっており，ここでは 2 語により検索・抽出される論文を『技術融合論文』と見做して分析を進めて差し支えないと結論付けた．

(2)　ものづくり・サービス分野×デジタル技術の論文抽出

　デジタル化は近年人工知能（AI）化に近い語句として使われているようになっている一方，情報技術（IT）化は 1990 年代から拡大している．ここでは 1990 年から 2020 年の過去 30 年間に発表されたデジタル融合論文をネットワーク分析対象の母集団とした．

　まず，『デジタル融合』としてどのような識別子が検索語として適切かを分析した．デジタル技術としては，以下の識別子が候補として挙げられる．

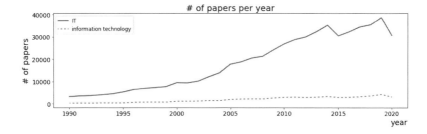
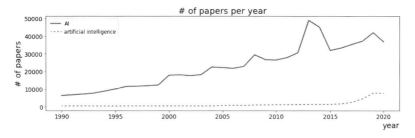
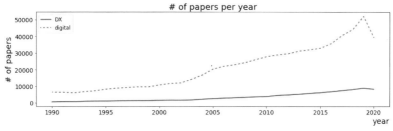

図 3-2 抽出した論文数の推移（デジタル技術）

'IT', 'information technology', 'AI', 'artificial intelligence', 'DX', 'digital'

　論文データセットからこれらの各語句を概要に含む論文を検索・抽出した．論文数の推移を図 3-2 に示す．抽出論文のサンプルを目視確認したところ，'IT' は 'information technology' より，'AI' は 'artificial intelligence' より論文数は多いが，ノイズが大きいことが判明した（例えば，'AI' で検索・抽出した論文には 'AIDS' に関する論文も含まれる）．また，'digital' も同様にノイズが大きいことが分かった．

　'DX', 'digital' も活用し得るが比較的新しい単語であり，本研究においては，デジタル技術の識別子として以下を選択することとした．

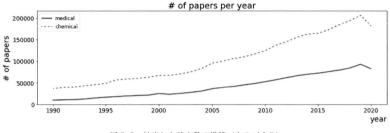

図 3-3 抽出した論文数の推移（ものづくり）

'information technology', 'artificial intelligence'

'information technology' は 1990 年代以降長く使われてきている用語である一方，'artificial intelligence' は以前から存在するものの 2010 年代後半になってより注目を集めている用語である．

次のステップとしては，デジタル技術の融合対象分野の検索語を特定することになるが，ここでは，例えば 'medical', 'chemical' など日本標準産業分類の英語表記も参照の上，当該分野を示す典型的・代表的な語句を用いることとした．

'medical', 'chemical', 'material', 'automobile or vehicle', 'manufacturing', 'robot', 'agri', 'biotechnology', 'pharm', 'construction and building', 'house', 'physics', 'nanotechnology'

参考までに 'medical', 'chemical' を検索語として抽出した論文数の推移を図 3-3 に示す．

デジタル技術の融合対象分野を kwd1，デジタル技術を kwd2 と設定し，以下のとおりリスト化した．

kwd1＝['medical', 'chemical', 'material', 'automobile or vehicle', 'manufacturing', 'robot', 'agri', 'biotechnology', 'pharm', 'construction and building', 'house'（warehouse, household, greenhouse を除く）', 'physics', 'nanotechnology']　（13 分野）

kwd2＝['information technology', 'artificial intelligence']（2 デジ

タル技術）

　本章では，2 種類の検索キーワード（kwd1, kwd2）を設定し，概要に kwd1 のいずれかと kwd2 のいずれかを一つずつ含む論文をデジタル（技術）融合論文と定義することとした．特に kwd2 が 'information technology' である論文を IT（技術）融合論文，'artificial intelligence' である論文を AI（技術）融合論文と呼ぶこととする．

　本アプローチは，これまでの多くの先行研究で行われていた書誌学的アプローチとは異なり，将来的には学術研究や産業分野への応用を念頭に置いていることから，「学術・産業を網羅する分類による簡易的なアプローチ」と考えるのが適当であろう．

（3）人工知能関連論文の抽出

　ここでは，人工知能関連論文（以下，「AI 論文」）を抽出する際に，AI に関連する検索語を設定し，その検索語のいずれかが概要に含まれている論文を抽出することとした．キーワードは，第 4 章では 'artificial intelligence' を，第 5 章以降ではできるだけ AI 関連の論文が広く抽出されるように専門用語を列挙した（「人工知能：'artificial intelligence'」，「深層学習：'deep learning'」，「ニューラルネットワーク：'neural network'」，「教師あり学習：'supervised learning'」，「教師なし学習：'unsupervised learning'」，「強化学習：'reinforcement learning'」―大文字・小文字を問わず計 6 語，「リカレントニューラルネットワーク：'RNN'」，「畳み込みニューラルネットワーク：'CNN'」―大文字 2 語．後に「転移学習：'transfer learning'」，「機械学習：'machine learning'」を検索語として追加し，第 6 章において使用）．キーワード選定に当たっては，AI 全体を表現する言葉か，AI 技術を大きく前進させるモデルかを考慮して，参考図書の章・節に出てくる単語の中から厳選した．

（2）　中山光樹．機械学習・深層学習による自然言語処理入門　scikit-learn と
　　　TensorFlow を使った実践プログラミング．マイナビ出版．2020.

【kwd_AI】
　以下の単語に CNN，RNN を加えて OR で連結し，kwd_AI と設定した．

　artificial intelligence
　（deep）（convolutional）（recurrent）neural network
　deep learning
　supervised learning
　unsupervised learning
　reinforcement learning
　（後に ［transfer learning］，［machine learning］ を追加）

(4) 自然言語処理関連論文の抽出
　AI 分野の事例として近年ホットな研究課題となっている自然言語処理を取り上げるため，自然言語処理関連論文（以下，「NLP 論文」）の抽出を行った．

【kwd_NLP】
　以下のような AI の技術課題から，近年 AI 研究においてホットトピックとなっている自然言語処理を本研究のケースとして選択の上，NLP OR 'natural language processing' を kwd_NLP と設定した．

　image recognition
　speech recognition
　natural language processing
　　text classification
　　question-answering
　　translation
　　captioning（caption generation）など

【NLP 論文抽出に関する考察】
　自然言語処理に関連する論文として，まず概要に kwd_AI のいずれかが

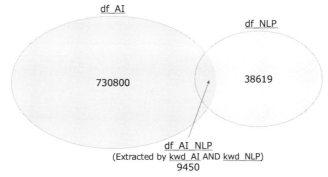

図3-4 kwd_AIとkwd_NLPによって検索・抽出された論文数

含まれる論文を抽出した後にkwd_NLPが含まれる論文を抽出した．次は，概要にkwd_NLPのみが含まれる論文を抽出した．この結果，後者の方が約4倍の抽出数となった（図3-4）．

　当初kwd_AI, kwd_NLPと2段階で絞り込もうと考えたのは，NLPという言葉がAI以外でも使われる可能性もあるからであるが，結果を見ると，NLPという技術用語がAIの技術課題として説明不要になってきて（キーワードが独立して使用されるようになってきていて），論文本文にkwd_AIが含まれても，論文概要には含まれない論文も現れているものと考えられる．言葉を換えると，研究が進展するに従って特定の研究課題を表現する用語が独立して使われるようになり，その言葉を中心とした研究コミュニティが形成される．自然言語処理分野では2017年に"Transformer"という新しいキーワードが出現し，これを基に研究が進展し"BERT"や"GPT"といった新しい手法が考案されるようになっている．

　本研究では，kwd_NLPのみが概要に含まれる論文をNLP論文と定義する．全論文数に占めるNLP論文数の比率の推移を見ると，この10年増加傾向にあるが，2017年を境に伸びが加速していることが確認できる（図3-5）．これは2017年の"Transformer"を契機にNLP研究が加速していると理解される．

　一方で，検索語としてNLP OR 'natural language processing'を用いて抽出される論文の特徴としては，基礎研究であれば概要に敢えて自然言語処理と書くことは少ない可能性があり，実際目視で確認する限り，自

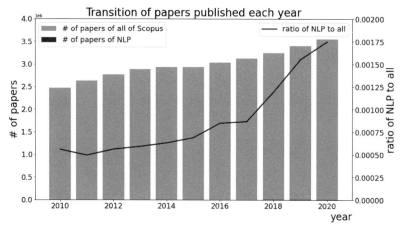

図 3-5　各年の全論文と NLP 論文，その比率の推移

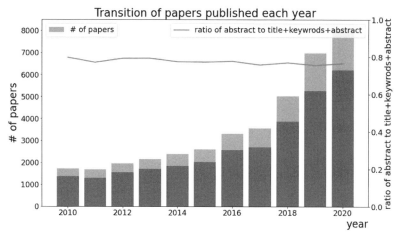

図 3-6　kwd_NLP で検索・抽出された論文
—概要のみに含まれる論文とタイトル，キーワード又は概要に含まれる論文の比較—

然言語処理で具体的な問いを解こうとする応用研究が多いと見受けられる．近年の NLP 論文の伸びは，応用研究の増加にも起因していると推測される．

　ここまでは検索語が概要のみに含まれる論文の抽出結果を示してきたが，検索語『自然言語処理』の対象として論文のタイトル及びキーワードを追加すると，論文数は 1/4 程度上乗せされることが分かる（図 3-6）．上乗せされた論文の著者所属組織を確認すると，企業である論文が多めに抽出

されることが確認できる．これは学術機関と比べて企業の方がタイトルや
キーワードに NPL 又は 'natural language processing' を含める傾向が
あるからと推察される．

　以上を踏まえ，第6章以降は検索語として kwd_NLP を用い，タイト
ル，キーワード，概要に kwd_NLP が含まれる論文を抽出して，ネット
ワーク分析を実施することとした．

3-2-2　産学共著論文と『両利き研究者』を著者に含む論文の抽出

(1)　産学共著論文

【定義】

　産学共著論文は，著者の所属先に企業と学術機関を含む論文と定義し，
手順としては，著者の所属先のうち企業を含む論文を抽出し，更にそこか
ら大学・公的研究機関等の学術機関を含む論文に絞り込んだ．

　ただし，産学共著論文の抽出においては，所属先を企業，学術機関と見
分ける識別子（検索語句として使用）が重要になる．ここでは，被引用数
上位論文（トップ 1,000 の論文）の著者の所属先を一つ一つ目視確認して，
企業名と学術機関名をリストアップすることで網羅性を高め，産学共著論
文としての正確性を担保できるようにした．

【前処理】

　著者の所属先に企業と認識されるキーワード（例. Corp.）を含む論文
を検索・抽出した結果を個別に見ていくと，本データセットでは企業であ
ってもそのようなキーワードが含まれない所属先もあるため，被引用数ト
ップ 1,000 件にある企業群の中でそのような名称（例. Google）を拾い
上げることとした（企業名リスト：l_co）．

　大学・公的研究機関等の学術機関についても同様に，大学を示すキーワ
ード（例.University）が含まれない大学などがあるため，被引用数トップ
1,000 件にある学術機関の中でそのような名称（例. MIT）を拾い上げる
こととした（学術機関名リスト：l_ac）．

　企業と学術機関のそれぞれについて検索語をリストアップした結果は，
以下のとおりである（付録1に全単語を記載）．

l_co＝['Incorporated', 'Inc.', 'Inc', 'Company', 'Co.', 'co.', 'Ltd.', 'Corporation', 'Corp.', 'corp.', 'PLC', 'Public Limited Company', 'K.K.', 'Y.K.', 'LLC', 'L.P.', 'Gmbh', 'GmbH', 'AG', …]

　　[計 92 単語]

l_ac＝['University', 'Univ.', 'Universities', 'Universita', 'Università', 'Universität', 'Uniwersytet', 'Universiteit', 'Universite', 'Université', 'Unidade', 'Universidad', 'Universidade', 'université', 'College', 'Collège', 'Coll.', 'School', 'Scuola', 'Sch.', 'Institute', 'Institutes', 'Inst.', …]

　　[計 195 単語]

【検証】

　抽出された論文が期待どおり正確に抽出できているか確認するには何らかの検証が必要となる．全論文を対象として検証するのは現実的ではないため，第二種の過誤率について検証を行った．具体的には，l_co, l_ac の検索語で抽出された論文のうち実際に論文データに記載されている組織名をランダムに 1,000 サンプル抽出して目視確認を行った．この結果，l_ac の検索語で抽出される組織はほぼ学術機関と確認でき，また，l_co の検索語で抽出される組織の中で大学と判別されるのは 2% 程度であった．検索語に関しては，母集団が大きいため正確さを追求するには限度があることから，学術機関名が企業として認識されたケースがあったとしても，これを許容範囲と見做して分析を進めることとした．一例を挙げると，企業名リスト l_co に含まれる 'GE' は，例えば 'GE' という文字列を含む 'SAGE' という組織（学術機関に相当）を拾い出すことが分かったが，このような例は少数としてこれ以上踏み込まず，静置することとした．

(2)『両利き研究者』を著者に含む論文の抽出
【定義】

　既述のとおり，本データセットでは同一著者が同一の論文において 2 度以上現れる場合，所属が 2 つ以上あることを表す．産学共著論文の中で，同一著者が企業と学術機関の両方に所属している論文を抽出し（企業

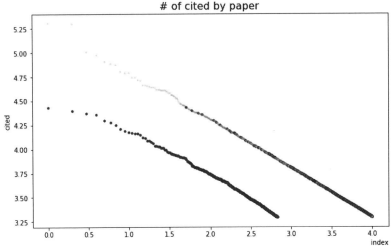

図 3-7 論文被引用数トップ 10,000（全論文（薄），うち産学共著論文（濃））
—被引用数（縦軸）の大きい順にインデックスを付して右にプロット（横軸）【対数表示】—

と学術機関を示す識別子については（1）【前処理】同様），そのような論文を「両利き研究者を著者に含む論文」と呼ぶこととした．

3-3 クラスタリング

現実のあらゆるネットワークを分析する手法は，ネットワーク科学において確立されている．ネットワーク科学の第一人者であるアルバート・ラズロ・バラバシ教授（ノースイースタン大学）を始めとするネットワーク科学者は，多くの現実のネットワークがスケールフリーであることを解明した．インターネットにおけるルーターのネットワーク，タンパク質相互作用ネットワーク，電子メールネットワークなどがそうだが，論文引用ネットワークもスケールフリーであることが分かっている（本研究においても Scopus の論文データセットを使って図 3-7 のようにべき則で近似できることを検証）．

ネットワーク科学では，ネットワーク分析上重要となる『コミュニティ』について，「ある集合に属するノードどうしが，他の集合に属するノードとの間よりも高い確率で結合している集合をコミュニティと呼ぶ」[3]と

している．論文ネットワークに置き換えると，特定の研究課題，例えば人工知能分野，中でも自然言語処理の研究に取り組み，共著で論文を執筆・発表したり論文を引用したりすることで自然言語処理研究のコミュニティが形成される．そのコミュニティは更にタスク（テキスト分類，キャプショニング等）により細分化される可能性があるが，繋がりの多寡によって一定の規模でネットワークを分割し，コミュニティを特定することができる．

3-3-1　分析ツールの選択

論文引用ネットワークを対象としてネットワーク分析を実施するに当たり，その手段・手法は複数存在する．既存のシステムを活用すればプログラム構築の手数は省略できるが，データ取扱い上の制約があり，さらには計算や表現の自由度が限られる．本研究を進めるに当たり以下の選択肢が候補となった．その中で，データ取扱い上の制約が少なく，自ら意図する出力を得ることが可能となる③を分析ツールとして選択することとした．

①既存の俯瞰システム（論文・特許分析）を利用

　当時の計算能力に合わせて構築されたシステムであり，分析には限度がある．また，データの作成に多大な労力が必要となる（Web of Science（WoS）で一回当たりの分析上限は 500 件／セット）．

②Scopus の論文データに基づく Scival による分析

　Scopus に付属する Elsevier の分析ツール Scival を用いることで技術融合論文や産学共著論文の被平均引用数などが算定可能である．また，特許の参照論文も抽出できる．ただ，データセット作成に多大な労力が必要となる（Scopus で一回当たりの分析上限は 2 万件／セット）．

③独自のコーディングによるプログラムの構築

　Python はライブラリが充実しており，ネットワーク分析では Net-workX というライブラリを活用できる．独自のコーディングによれ

---

(3)　アルバート・ラズロ・バラバシ．ネットワーク科学：ひと・もの・ことの関係性をデータから解き明かす新しいアプローチ（Network Science）．池田裕一，井上寛康，谷澤俊弘監訳. 京都大学ネットワーク社会研究会訳. 共立出版, p. 336, 2019.

ば，ネットワーク分析に限らず，LDA 分析，浸透度・注目度の分析，グラフ描出，ワードクラウドでの表現など，関心に沿って詳細分析を行い，結果を可視化することが可能となる．

3-3-2 クラスタリングのためのコーディング

検索語により抽出された論文群を対象に引用関係を中心としたネットワーク分析を行い，クラスタリングによって分割されたコミュニティを解析して，研究の最先端の動向につき示唆を得ることが本研究の主な目的である．特に，技術融合，産学連携の動向に焦点を当て，その効果等を把握することが最大の関心事である．

そこで，クラスタリングのために Python のライブラリである NetworkX を活用し，次のような流れでコミュニティを特定して，結果を可視化できるようコーディングを行った．また，頻出語句をカウントするだけでなく，単語の共起性を考慮する統計モデルの一つである LDA (Latent Dirichlet Allocation) モデルを構築し，トピック分析を実施することとした．

① 抽出した論文群の abstract を一つに結合
② stop words を除去後，クラスタリング
③ コミュニティを可視化
④ 論文群の単語の出現頻度をカウント，及び LDA モデルを構築しトピック分析
⑤ Word Cloud を用いてコミュニティを特徴語（重要語）により可視化

このようなコーディングを行うことで，概要に使われている語句に着目して，技術の発展の様子（盛衰，流行等）を分析できるようになる．単一技術はもちろん融合技術についても同じようにその進展を把握できる．例えば，ゲームと AI の融合で言えば，論文の注目テーマが『チェス→将棋→囲碁』などと時間の経過に伴い変遷していることを突き止められるようになる．論文群の分析において時系列での変化を見ていく場合は，期間を区切ってその間に発表された論文群の引用関係に限定してクラスタリング

を実施する.

本研究では，貪欲法（Greedy Algorithm）を用いたモジュラリティ最適化によりコミュニティ（論文群）を抽出すべくクラスタリングを行っている．モジュラリティは以下の数式で表現され，この値が大きくなるようにネットワーク分割するという考え方が一般的となっている.

$$Q = \frac{1}{2m} \sum_{ij} \left(A_{i,j} - \frac{k_i k_j}{2m} \right) \delta(c_i, c_j)$$

m：ネットワークの辺の数

i, j：頂点

$A_{i,j}$：ネットワークの隣接行列 A の (i, j) 成分

k_i：頂点 i の次数

c_i：頂点 i が属するコミュニティのラベル

$\delta(c_i, c_j)$：クロネッカーのデルタ（c_i と c_j が等しいときに 1，それ以外では 0）

なお，LDA は TF-IDF（term frequency–inverse document frequency）と同様，文脈上の単語の持つ意味を考慮して出現頻度に限らず単語に軽重を付けることができるようなモデルとされている（以下参照）.

「各文書には潜在トピックがあると仮定し，統計的に共起しやすい単語の集合が生成される要因を，この潜在トピックという観測できない確率変数で定式化する．特に，LDA では，一つの文書には複数の潜在トピックが存在すると仮定し，そのトピックの分布を離散分布としてモデル化する．これまで，LDA を改良したさまざまなモデルが提案され（総称して潜在トピックモデル（latent topic model）と呼ばれる），近年の統計的機械学習では，主要な研究分野の一つとなっている.」

---

(4)　村田剛志. Python で学ぶネットワーク分析：Colaboratory と NetworkX を使った実践入門. オーム社, p. 122, 2019.

(5)　佐藤一誠. 自然言語処理シリーズ 8 トピックモデルによる統計的潜在意味解析. 奥村学監修. コロナ社, p. 25, 2015.

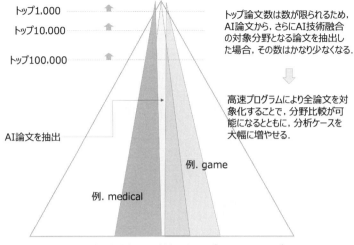

図3-8 分析対象論文とその拡大に向けたプログラム・アップデート

【プログラム・アップデート】

　プログラムの計算速度の制約のため，まず論文の母集団をある程度限定して分析を行った．具体的には，トップ論文を抽出して概観把握のための分析を行い，続いて時系列分析を実施することとした（第5章の途中まで）．一方で，データ量の多い分析においてグラフを描出するまでに百万件で2日半時間を要しており，研究の進展・広がりには限界があった．このような分析対象が全論文になれば全貌を把握できるようになるが，そのためには計算速度の制約を取り除く必要がある．このため高速化に向けた大幅なアップデートを行って，全論文7千万件超を対象とした分析を行えるようにプログラムを改変した（図3-8参照）（付録2にプログラム上の主要なコードを掲載）．

【各章とアップデートとの関係】

　研究を進めるに従い検索語・識別子，検索対象，プログラムをアップデートしてきたことになる．このプロセスを整理すると表3-3のようになる．

	検索語・識別子	検索対象	プログラム
第4章	2語検索	概要	
第5章	kwd_AIの設定		高速化(5.3.2 時系列分析以降)
第6章	kwd__NLPの設定 kwd_AIの識別子 追加	タイトル、キーワード を追加	
第7章			

表 3-3　各章とアップデートとの関係

第4章 デジタル融合――クラスタリングによるコミュニティ特定とトピック変遷

本章では，最初に設定したリサーチ・クエスチョンのうち以下について答えを導くことができるよう分析を進めた．

・デジタル技術融合はどのように進展していて，そこに何を見出せるか．デジタル技術融合の進展や注目の度合いに分野間で差異はあるか．

研究の手順としては，まず論文引用ネットワークを用いて，論文概要に使われている語句に着目し，2つの技術，一つはものづくり・サービス分野，もう一つはデジタル技術（IT・AI）の掛け合わせによる融合技術についてその盛衰を分析した．例えば，ゲームとAIの融合において『チェス→将棋→囲碁』のように，論文の注目トピックが時間の経過に伴い変遷している様子を分野毎に見出した上で，分野横断的な特徴を抽出できないか観察することとした．次に，ものづくり・サービス各分野のデジタル融合論文のシェア，平均被引用数の推移を描出し，この結果を踏まえ，技術融合の進展や注目の度合いに係る分野間での差異について分析を行った．この分析手法として，浸透度・注目度という2つの指標を独自に設定の上，それらを2軸で図示するという新しい枠組を導入することにより，デジタル融合の分野間比較を行っている．

4-1 手法

4-1-1 デジタル融合論文の抽出

3-2-1（1）技術融合論文の抽出に従えば，デジタル融合論文として抽出されるのは，26（＝13×2）分野となる．過去30年間のデジタル融合

	medical	chemical	material	automobile or vehicle9	manufacturing	robot	agri
information technology	4115	694	3026	971	2345	517	873
artificial intelligence	2983	1114	2223	1733	1705	4554	554

	biotechnology	pharm	construction and building	house	physics	nanotechnology
information technology	384	868	245	241	372	265
artificial intelligence	109	338	254	77	597	131

表4-1 過去30年間のデジタル融合論文数

論文数を26分野についてまとめたのが表4-1である．IT・AI融合論文ともに数が多い（4桁）のは 'medical', 'material', 'manufacturing' である．また，AI融合論文のみ4桁となっているのは 'chemical', 'automobile or vehicle', 'robot' であり，'robot' のAI論文数が全体で見ると一番多く，4554件となっている．

4-1-2 クラスタリングによるコミュニティ特定とトピック変遷の可視化

まず，論文引用ネットワークのクラスタリングによりコミュニティを特定し，その推移を観察する時系列分析を行うこととした．このような分析を行う場合ある程度まとまった規模の論文数が必要となるため，1990年から2020年までの30年間に発表された論文について，5年間を一期間として当該期間に発表された論文の引用・被引用関係をネットワークで表現することとした．その上で，各期間においてクラスタリング（貪欲法）によりコミュニティを特定した．この期間のコミュニティを年代順に6つ並べることでコミュニティ形成過程を可視化できるようになる．

コミュニティのトピック変遷を可視化するため，以下の手順で分析を進めることとした（再掲）．

①抽出した論文群の abstract を一つに結合
②stop words を除去後，クラスタリング
③コミュニティを可視化

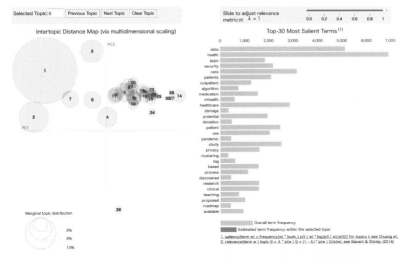

図 4-1　クラスタリングによるトピック分布（左）と LDA 分析による重要語（右）

④論文群の単語の出現頻度をカウント，及び LDA モデルを構築しトピック分析
⑤ Word Cloud を用いてコミュニティを特徴語（重要語）により可視化

このうち③については，一例として 'medical' と 'information technology' を概要に含む論文（30 年間の発表論文）を対象に LDA モデルを構築したところ，トピックが拡散しコミュニティ毎のトピックの先鋭化が難しいと分かった（図 4-1）．このため，30 年間ではなく 5 年毎の 6 つの期間の発表論文のコミュニティを対象として LDA モデルを構築しトピック分析（LDA 分析）を実施することとした．これにより，研究活動が活発で研究課題が短期間で変化しても，その様子を捉えることが可能となる．結果が時系列で可視化されるよう，各期間のコミュニティ毎に重要語に応じて文字サイズを変えてワードクラウドで表現した．ワードクラウドでの表現においては，①単語の出現回数により文字サイズを変える（図 4-2），② LDA 分析を行い重要語に応じて文字サイズを変える（図 4-3），の 2 つの手法を試みた．本章では，コミュニティの特徴についてより差異が明確となる手法（②）により可視化を実施することとした．

2 語（ものづくり，デジタル）で検索を行うことに依拠して，LDA 分析

第 4 章　デジタル融合——クラスタリングによるコミュニティ特定とトピック変遷

61

Counter({'telemedicine': 7, 'development': 6, 'use': 6, 'clinical': 6, 'diabetes': 5, 'teleconsultation': 5, 'cost': 4, 'support': 4, 'technology.': 3, 'telecommunication': 3, 'telemedical': 3, 'health': 3, 'care': 3, 'applications': 3, 'data': 3, 'theory': 3, 'medicine': 2, 'one': 2, 'however,': 2, 'studies': 2, 'research': 2, 'using': 2, 'dermatology': 2, 'teledermatology': 2, 'practice': 2, 'manner': 2, 'education,': 2, 'e': 2, 'paper': 2, 'two': 2, 'quality': 2, 'outcome': 2, 'since': 2, 'distance,': 2, 'behind': 2, '-': 2, 'clinicians': 2, 'physicians': 2, 'needs': 2, 'routines': 2, 'specialities': 2, 'relying':

図 4-2　ワードクラウドによる語句の出現回数順での可視化

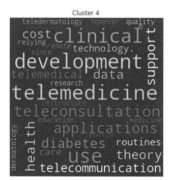 

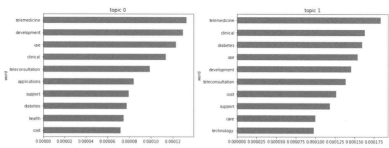

図 4-3　ワードクラウドによる LDA 分析での可視化（トピック数を 2（0, 1）に設定）

62

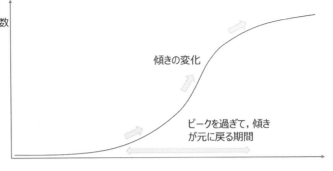

図 4-4 新分野形成過程のイメージ

においてはトピック数を 2 に設定した．その結果，2 つのワードクラウドにおいて，一つ（左図）はものづくり，一つ（右図）はデジタルと，特定した 2 語（ものづくり，デジタル）に近い単語が抽出される傾向が現れた．トピック数は，perplexity を低く，coherence を高く設定することが一般的で，結果としてもう少し大きな数に設定されることが多い．しかしながら，本分析においては，各コミュニティの研究課題を特定することが課題であるため，コミュニティ毎に多くのトピックが抽出されることよりも，コミュニティ毎に先鋭的な特徴が見られることを重視し，トピック数を多くするのではなく少なくする方向としている．

4-1-3 技術融合による新分野形成過程の観察

ここでは，技術融合による新分野形成過程を定量的に観察する．ある新分野が形成されるに従い，時間とともに論文発表数・被引用数が変化するイメージが図 4-4 である．関心事項をより具体化すると以下のようになる．

・発表数・被引用数の時間経過に伴う傾きの変化を追うことはできないか．
・それができたとして，技術融合の種類毎に注目期間を特定できないか．

このために，IT 融合（ある分野×'information technology'）と AI 融合（ある分野×'artificial intelligence'）について，各分野の過去 30 年間の「論文数及び論文中シェア」，「一論文当たりの平均被引用数の比」の推移

をグラフにした.

4-1-4　分野間比較を可能とする指標（浸透度・注目度）の導入

　分野間比較が可能となるような指標として，デジタル融合論文に占める当該分野の論文中シェアと一論文当たりの平均被引用数の比を用いることとし，それぞれ『浸透度』，『注目度』と呼ぶこととした．なお，『注目度』は Elsevier の Scival で使われている FWCI（field-weighted citation index）に相当する指数になるが，特に分野間調整を行ってはおらず，ここでは『注目度』として進める.

(1) 浸透度（デジタル融合論文に占める当該分野の論文中シェア）
　—当該融合分野（例. 医療×人工知能）の論文数が当該分野（例. 医療）の論文数に占める割合（シェア）.
　—デジタル（IT・AI）の融合分野の多くは1%に満たない.

(2) 注目度（一論文当たりの平均被引用数の比）
　—当該融合分野（例. 医療×人工知能）の論文の平均被引用数が当該分野（例. 医療）の論文の平均被引用数と比較して，どのくらい高いかを示す.
　—当該融合分野の平均被引用数／当該分野の平均被引用数として算定され，1より大きければ平均より注目されていると言える.

4-2　結果（クラスタリングによるコミュニティ特定とトピック変遷）

4-2-1　ものづくり分野

　26分野全てについてクラスタリングによりコミュニティを特定し，コミュニティ毎のトピックの変遷について分析を行った．結果を全て示そうとすると膨大な紙面が必要になるため，ここでは例として2通り，'medical' と 'information technology'，'chemical' と 'artificial intelligence' を概要に含む論文を取り上げ，分析結果について述べる.

　まず，'medical' と 'information technology' を概要に含む論文を取り

上げてコミュニティ形成過程を見ていく（図4-5）．1990年代は引用・被引用ネットワークが疎であったのが，年代が進むにつれて同ネットワークが密になっていくことが窺える．当初はノード数＞エッジ数だったのが逆転し，また，ノード数・エッジ数は100倍以上となっている．

図4-6は30年間の各コミュニティのトピックの変遷を示す．ここでは論文数の多い上位5つのコミュニティそれぞれについて2つのトピックをワードクラウドで表現し，特徴的な単語を白枠で囲んでいる．このような重要語のうち特に目を引く単語を時系列で並べると，表4-2のようになる．トピックの変遷が時代の推移を表現していることが確認される．

もう一つの例，'chemical'と'artificial intelligence'を概要に含む論文を取り上げてコミュニティ形成過程を見ていく（図4-7）．2010年代前半まで引用・被引用ネットワークが疎であったのが，2010年代後半になって急に密になっている．2010年代後半になり論文数が急増し，AIの'chemical'分野への浸透が急速に進んだものと考えられる（図4-19参照）．

図4-8は30年間の各コミュニティのトピックの変遷を示す．論文が急増した2010年代後半（2016-2020年）のコミュニティ（上位5つ）の重要語のうち目を引く特徴的な単語を並べると，表4-3のようになる．創薬（化合物）へのAIの応用を始め，具体的な課題解決に向けて研究が進展した様子が見て取れる．

このように，デジタル融合論文の引用・被引用ネットワークのクラスタリングによりコミュニティを特定し，各コミュニティにおいてトピック分析を実施することにより，ITやAIが各々の分野とどのように関わってきたか，その盛衰，流行を確認できるようになる．特に，分野毎にトピック分析により得られた重要語のうち特徴的な単語の変遷を見ていくと，ある研究課題を中心としたグループが形成され，そこで使用されるキーワードが技術用語として独立して使われるようになる様子も確認できる（4-2-3に詳述）．

4-2-2　サービス分野

次に，融合対象分野をものづくり分野からサービス分野に広げる．デジタル技術の融合対象分野としてkwd11（サービス分野）を設定した．

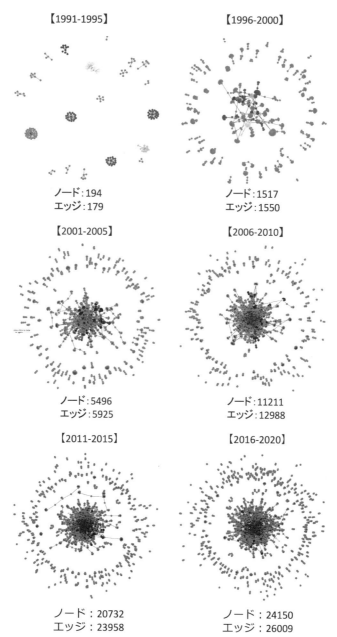

図 4-5　30 年間（5 年毎）の論文引用ネットワークの変遷
('medical' and 'information technology')

"medical"*
"information technology"
【1991-1995】

"medical"*
"information technology"
【1996-2000】

第4章 デジタル融合——クラスタリングによるコミュニティ特定とトピック変遷

"medical"*
"information technology"
【2001-2005】

"medical"*
"information technology"
【2006-2010】

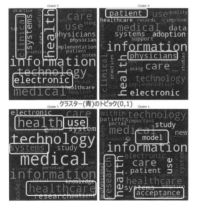

"medical"*
"information technology"
【2011-2015】

"medical"*
"information technology"
【2016-2020】

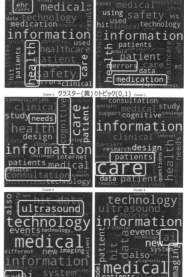

図4-6 30年間（5年毎）の各コミュニティ（上位5つ）のトピック（2つ）の変遷
('medical' and 'information technology')

第4章 デジタル融合——クラスタリングによるコミュニティ特定とトピック変遷

1991-1995	1996-2000	2001-2005
decision, strategy, design	health (care), telemedicine, informatics	patient, disease, acceptance, online
2006-2010	2011-2015	2016-2020
electronic, patients, imaging	electronic, support, data	electronic, her, ai

表4-2　各コミュニティのトピックの推移（上段：期間，下段：トピック）

kwd11 ＝ ['finance', 'retail', 'logistics', 'electricity', 'lending', 'stock', 'insurance', 'credit', 'game', 'sport', 'fishery', 'forestry', 'ocean', 'taxi']（14分野）

　ここでは，一例として 'game' と 'artificial intelligence' を概要に含む論文のコミュニティ形成過程を見ていく（図4-9）．2000年代前半まで引用・被引用ネットワークが疎であったのが，2000年代後半以降密になっている．2000年代後半以降，AIの 'game' 分野への浸透が進んだものと考えられる．

　図4-10は30年間の各コミュニティのトピックの変遷を示す．コミュニティの重要語のうち特徴的な単語を時系列で並べると，トピックがその時代に合わせて変遷していることが目視確認できる（表4-4）．具体的には，人工知能の挑戦相手がチェス，ポーカー，囲碁と難易度の高いゲームへと推移していることが確認できる．

4-2-3　分野横断的な傾向の把握

　ものづくり全13分野及びサービス分野のうちゲームについて，デジタル融合論文における各コミュニティのトピックの推移を列挙したのが図4-11，図4-12，図4-13，図4-14である．目視により年代順にコミュニティの重要語句を追っていくと分かるのは，トピックの変遷の過程でキーワードが独立して使用されるケースが散見されることである．これはある分野での研究の進展に伴い，新しい研究課題が出現し，それを解決すべく新しい研究領域が創成され，それに応じて新たな研究コミュニティが形成されていくことを示している．コミュニティが相応の規模になればそれを特定することが可能なキーワードが創生され，定着していくという過程を踏んでいると推察される．

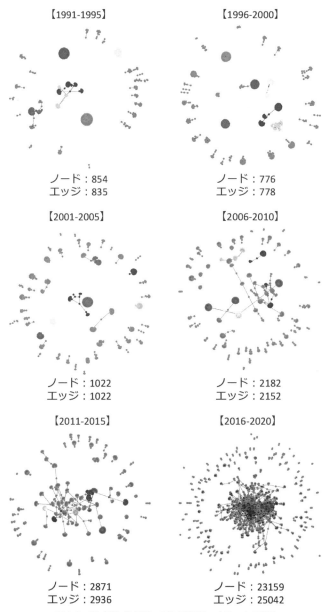

図 4-7　30 年間（5 年毎）の論文引用ネットワークの変遷
('chemical' and 'artificial intelligence')

"chemical"*
"artificial intelligence"
【1991-1995】

"chemical"*
"artificial intelligence"
【1996-2000】

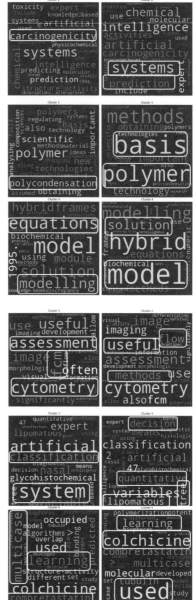

"chemical"*
"artificial intelligence"
【2001-2005】

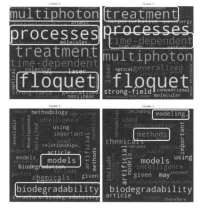

"chemical"*
"artificial intelligence"
【2006-2010】

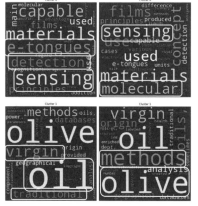

第4章　デジタル融合——クラスタリングによるコミュニティ特定とトピック変遷

73

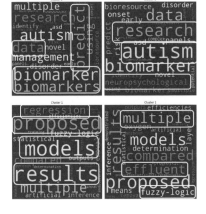

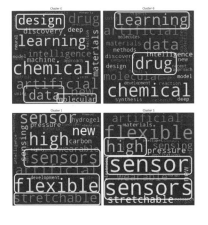

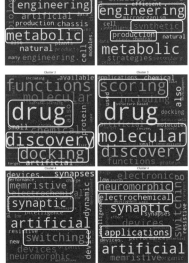

図4-8　30年間（5年毎）の各クラスター（上位5つ）のトピック（2つ）の変遷
('chemical' and 'artificial intelligence')

①	drug, design, learning
②	flexible, sensors, stretchable
③	metabolic, engineering, synthetic
④	drug, discovery, docking
⑤	electrochemical, neuromorphic, synaptic

表4-3　2016-2020年のクラスター（上位5つ）のトピック

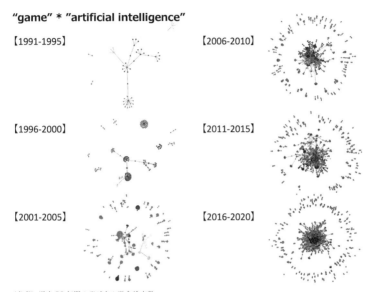

(参考) 過去30年間のデジタル融合論文数
'game'＊'information technology'; 606, 'game'＊'artificial intelligence'; 1942

図4-9　30年間（5年毎）の論文引用ネットワークの変遷

　'manufacturing'דinformation technology'では，2000年代に入って'ERP'という語句が出現し，次のコミュニティまで（2010年まで）上位に現れる．このことはその時期に'ERP'が製造分野における一つの研究課題として認識され，その時の注力すべき課題として象徴される新たなキーワードとなっていたことを表している．

　また，'construction and building'דinformation technology'，'house（ただし，warehouse, household, greenhouseを除く）'דinformation technology'では，2005年代以降にそれぞれ'BIM', 'smart home'というキーワードが出現しており，製造分野の'ERP'と同様，その時の注力すべき課題として象徴されるキーワードとなっていったと推察される．

75

"game"*"artificial intelligence"　　注）各期間の特徴的なクラスターを選定し，トピックを表示
【1991-1995】　　　　　　　　　　　　　　【2006-2010】

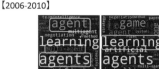

【1996-2000】　　　　　　　　　　　　　　【2011-2015】

【2001-2005】　　　　　　　　　　　　　　【2016-2000】

図 4-10　30 年間（5 年毎）の各クラスター（上位 5 つ）のトピック（2 つ）の変遷

1991-1995	1996-2000	2001-2005
chess, tutoring	porker, play	chess, board
2006-2010	2011-2015	2016-2020
agents, learning	heuristic, chess, real-world	baduk, mobile

表 4-4　各コミュニティのトピックの推移（上段：期間，下段：トピック）

　さらに，'artificial intelligence' との掛け合わせでも，'material'，'automobile or vehicle'，'construction and building'，'house（ただし，warehouse, household, greenhouse を除く）' についてある時期に 'smart' というキーワードが出現していることが確認される．

　新しいキーワードの出現はそれぞれの学術分野では当然のことだが，「新しい研究課題が出現し，それを解決すべく新しい研究領域が創成され，それに応じて新たな研究コミュニティが形成される」という研究の進化に関係する象徴的なプロセスの存在を改めて認識する必要があると考えている．

4-2-4　新しいキーワードによるクラスタリングとコミュニティ特定

　ここでは，4-2-3 において確認できた新しいキーワード（以下，「新キーワード」）でクラスタリングすると何が現出するかを分析する．

キーワード(右欄) *information technology	medical	chemical	material	automobile or vehicle	manufacturing	robot	agri
1991-1995	decision making strategies schedules	strategic framework decision reaction	spin ligand learning teaching implement structural	shipment electronic edi conceptualizations	flexibility organizational sophistication integration metadatabase cell design	structural impliment(ation) automation construction	communicatio ns managerial
1996-2000	evidence-based telemedicine informatics	protein microstructures molecular biochemistry	patterned photolithography microfabrication electrical modelling electron photonic bandgap	competencies mutations cooperation	canadian automation integration nsd client/server labour	controllers automated collaboration multimedia inspectioninteractive clinical	firm agribusiness soil data precision
2001-2005	management online imaging	predicting electronic optical	photonic electronic(s) polymers optical predicting superconducting magnetic	solid waste concurrent collision alerts therapists	chain digitalization volume-flexibility productivity performance agile erp	intervention teledermatology telemedicine sensor nims internet emotion	hydrologic epidemiologic rice precision production soil
2006-2010	online teleconsultation	cancer imaging switching cheminformatics detection	switching polarization solid-state (ferro)magnetic image pacs photonic optical	solid-state shopping governing icts knowledge organis(z)ational services	oursourcing construction organisational management erp flexibility supply chain customization	cerebral surgery smart home synthesis walking ai modules	economic soil
2011-2015	targeted PACS	processing organizational protein molecular switching	devices organizational digital data prion molecular switching memory	computer c-commerce collaborative energy lib nanomaterials	supply chain cloud virtual reality	wireless medical multiple adaptive healthcare	nanohybrid layered monitoring intelligent extension nanotechnology opportunities suitability
2016-2020	decision support AI ultrasound CAD	artificial electronic device sensors flexible memristors	spin(tronic) magnetic device(s) absorption electromagnetic flexible wearable stretchable	parking intelligent cyber-physical india storage	supply chain digital industry4.0 productivity cloud	bio-syncretic tourism trust rehabilitation harvesting industry4.0 detection	iot wireless model yield unmanned traceability

図 4-11　IT 融合論文のクラスター分析から見えてきた重要語①

キーワード(右欄) *information technology	biotechnology	pharm	construction and building	house (warehouse,household,greenhouse use除く)	physics	nanotechnology	game
1991-1995	steel firms	individuals	-	learning cutting edge	collaborator y	-	-
1996-2000	molecular bioinformatics nanostructures australian electronic	databases molecular micromachining informatics	FM computer-aided hypermedia	banking legislators emerging continental geographical japan's	quantum cryptography immune planning monitoring modelling	biochemical learning bibliometric data	health strategies therapeutic
2001-2005	convergence database immunology modelling japan knowledged-based oral entrepreneurial	predicting mediation biomedical antimicrobial	simulation holism management	data epidemiologic health care cpoe thermostat	photochemistry electronic cps quantum laser(s) conducting sensor	miniaturization magnetic telemonitoring actuators	diabetes educational informatics health-care learning
2006-2010	imaging solid-state soil carbon nanomaterials nanoparticles	imaging biomarkers targeted solid-state information-based	broadband computer BIM resilience	smart home erp emergency welfare data analysis cluster	quantum solid-state pacs imaging	soil carbon cerebral surgery information-based medical synthesis soft	network effects wireless mobile security internet
2011-2015	nanohybrid microfluidic(s) cognitive imaging molecular lanthanide-doped nanoparticles	medication antibiotic antimicrobial delirium open innovation	precast BIM nano carbon	outsourcing virtualisation architecture	prion md microfluidic laser quantum optical semiconducting	(nano)hybrid layered molecular photochemically artificial nanobiotech nologies knowledge surface	online girls design
2016-2020	heat stress micro-edm bioreactor(s) vertical	data identifiers informatics	KM BIM	smart home energy modeling design platform imaging p-value ict-ites	nonlinear complex reconstruction optical kinetic photon photophysics transition	spintronic(s) nanomaterial sporting goods optical biomedical nanoparticle photon optical macromolecule photophysics	children videogame human-computer engagement

図 4-12　IT 融合論文のクラスター分析から見えてきた重要語②

キーワード(右欄) *artificial intelligence	medical	chemical	material	automobile or vehicle	manufacturing	robot	agri
1991-1995	decision cognitive verbal system(s) ai	spectrochemical	cataloging polymer polycondensation design associationism	information neural autonomous robot mobile visualization mapping computational aerodynamics design	scheduling knowledged-based neural diagnosis expert real-time	optimization neural expert error package collision-free planning	knowledge d-based system
1996-2000	biomedical clinical predictive cme data	NMR cytometry classification learning	cme sensors simulation ai embodiment	aerodynamics data fusion unmanned autopilot scheduling heuristics	ims ai cad capp bamflo fms petri learning random	imitation behavior-based neural humanoid cognition learning complexity mas autonomous hybrid controller	model infection dss(s) framework
2001-2005	neural networks video intelligent case-based	time-dependent diagnosis biodegradability	evolutionary linguistic warehousing intelligent kinetic design	autonomous control neural routing e-commerce	platform(-based) inspection fmss simulation scheduling queus	biodynamics neuro-musculo-skeletal cognitive image(s) digital formation agent	soil uncertainty ethical fuzzy modeling vision digitalizing classification n
2006-2010	classification biomedical processing signal machine learning	e-tongue sensing subcellular self-organisation nanomaterials	robotics intelligent machine learning web-based forecasting solor energy	fuzzy perceptual ivhm autonomous anticipation	robotics design graphics automated planning ai recognition maintainance parallel	sensors semiotic autonomous ubiquitous smart learning multi-agent	simulation images multispectral vision imaging preference model characteristics
2011-2015	causality machine classification healthcare diagnostic reasoning neurofuzzy	biomarker(s) cybernetics biodegradability	self-healing sensors matching models monitoring memristor meminductor optimization	vision image optimization hybrid electric evs smart gps navigation	smart verification decision monitoring optimization cellular genetic rms	human ethics vision image swarm self-healing stretchable wireless handoff	network ecosystem imaging concept wsan wireless sensor terrain perception
2016-2020	ai deep learning sensing wearable flexible big data covid-19	flexible sensor(s) learning neuromorphic electrochemical	machine learning neural flexible wearable sonsors memory neuromorphic synaptic swithcing devices smart compressive	deep learning autonomous control electric power ai moral ethical	smart data digital programmable cloud deep learning neural flexible wearable sensor(s) industry4.0	ai machine (deep) learning flexible sonsor skin autonomous surgery medical chemical	deep learning model(s) data industry4.0 digital(izati on)

図 4-13　AI 融合論文のクラスター分析から見えてきた重要語①

キーワード（右欄）*artificial intelligence	biotechnology	pharm	construction and building	house (warehouse,household,greenhouse除く)	physics	nanotechnology	game
1991-1995	-	symbolic molecular castlemaine design support	knowledge hypertelligence	emerging ai	spectrochemical analogical reasoning models ai qualitative non-quantitative paradox diagnostic	-	chess heuristic knowledge-based
1996-2000	-	data psychoactive modeling	expert system(s) schedule cbr case-based	database similarity-driven robotics	equilibrium machining seismic graphical darwin's psychological	-	simulation porker soccer multi-agent
2001-2005	clinical cultivation biochemical nanotechnology integration cyborg	neural network combinatorial spectrometry mass carcinogenicity	expert system(s) automatically cbr design generative conceptual collaborative project cost symbolic	heat loss climate architectural cartographic smart qfd	neuro-musculo-skeletal biodynamics multiphoton time-dependent floquet bayesian nonparametric 3d video recognition linguistic	intelligent precautionary	board chess virtual autonomous
2006-2010	design computer-aided Inter-sectorial e-health cognitive	experimental tdm pharmacophore chemoinformatics	fabrics relationships knowledge gap ai game crowd icall grammatical psms	images informatics web2.0 recognition emotions virtual	phys-chem ann cognitive uncertainties data mining graph-based inductive	nanorobot(s) cognitive	(multi-)agent soccer algorithm equilibrium
2011-2015	synthetic cells chemical vitro nutrient risk	qsar visualization pharmacovigilance	concrete fuzzy genetic transparent robots synthetic data decision support framework facility	urban mas monitoring forest energy home network bayesian fuzzy	swarm(s) consciousness quantum chemical self-organisation cybernetics bisimulation coinduction diffusion	neuroscience nanocomputing CMOS could	amazons ai tree chess
2016-2020	enzyme immobilization amps screening sensing hts aging	deep learning data ai prediction drug polypharmacology multi-targeting biochemical	neuromorphic synaptic neural rna molecular iterative smart big data digital osc	big data machine learning agents sustainability images	machine learning quantum neural network modeling digital ai vector sensory neuromorphic game memristor-based engine	industry4.0 RNA nanotubes microscopy scanning	(deep, machine) learning neural network baduk sports ai cooperation

図 4-14　AI 融合論文のクラスター分析から見えてきた重要語②

キーワード	bioinformatics and artificial intelligence	pharmacoin-formatics or pharma infor-matics	material infor-matics	MaaS and Mo-bility as a Ser-vice	ERP and en-terprise re-source plan-ning
論文数	174 (bioinfor-maticsのみで 46675)	53	30	123	2064
キーワード	digital twin	smart city	BIM and build-ing information modeling	IoT and inter-net of things	braintech or neuro-technol-ogy
論文数	2104	7658	1133	33605	263

表 4-5 新しいキーワードにより抽出した論文数

　まず, 4-2-3 の分析から得られた 'ERP', 'BIM' の他 'informatics', 'IoT' といったキーワード及び近年注目されている用語もいくつか選定の上, それらを概要に含む論文を抽出した. 結果は表 4-5 のとおりである.

　本表においては, 新キーワードによって抽出論文数に大きな差があることが確認される. 個別に観察すると, 母集団となるコミュニティ規模が大きくても, 過去からの積み上げの結果なのか, 近年急激に増えてきたのか, 個々の事情・背景によることが分かる. ともに 5 桁の論文数のある 'bio-informatics', 'IoT' についてクラスタリングを実施すると, 前者は 1990 年代後半に論文が発表され始めて次第に巨大なコミュニティが形成されていった (図 4-15) のに対し, 後者は 2000 年代後半になって少数の論文が発表され, 2010 年代に急激に大きなコミュニティが形成されており (図 4-16), それぞれのコミュニティ形成過程が異なることが確認される.

　それぞれの新キーワードにより抽出された論文のトピック分析を行った結果が図 4-17, 図 4-18 である. これらを観察すると, 論文発表の多寡だけでなく発表が集中した時期や重要語の変遷が確認される. 特に, 'material informatics', 'MaaS', 'digital twin' が近年注目され発表論文が増加した新キーワードであることは明らかである.

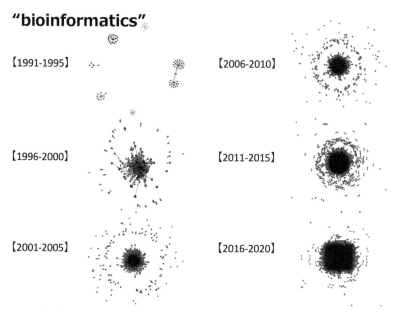

図4-15 30年間（5年毎）の論文引用ネットワークの変遷（bioinformatics）

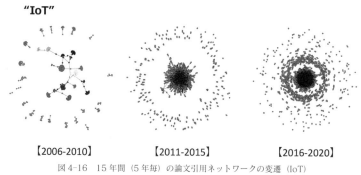

図4-16 15年間（5年毎）の論文引用ネットワークの変遷（IoT）

4-3 結果（技術融合による新分野形成の時系列分析・ポジショニング分析）

4-3-1 論文数及び論文中シェアの実数と前期比の推移

ここでは、以下の4つの事例を取り上げ、いずれも同一グラフにIT融合（濃）、AI融合（薄）の折れ線グラフを描写する．

	bioinfromatics and artificial intelligence	pharmacoinformatics or pharma infromatics	material infromatics	MaaS and Mobility as a Service	ERP and enterprise resource planning
1991-1995	-	-	-	-	-
1996-2000	-	-	-	-	126 decision-making customers functionality implementation sap manufacturing
2001-2005	18 protein gene intelligent database similarity manipulation	-	-		446 system(s) implementation management accounting expertise
2006-2010	35 neural machine learning hybridization brain-computer graph pattern prediction	5 target	-		540 implementation performance model knowledge
2011-2015	24 brain astrocytes reasoning cellular immune clonal	11 oncology regulatory compounds inhibitor docking kinase synaptic	-	-	526 implementation system(s) organizational management cost chain
2016-2020	95 cloud hrv covid-19 biomarkers diagnostic personalized sequencing (bio-)data	33 enzyme htopoiia binding screened docking leishmaniasis neurogenic combinations	24 high-throughput diamond-based machine learning neural chemical prediction	122 service plans modelling shared solutions ecosystem connected	424 implementation factor(s) cloud model accounting learning simulation

図 4-17　デジタル融合論文のクラスター分析から見えてきたキーワード①
（新キーワードによる論文抽出後：数値は各期間における論文数，文字は重要語）

'medical', 'chemical', 'manufacturing', 'robot'
×'information technology', 'artificial intelligence'

　図 4-19 に各融合分野についての「論文数及び論文中シェア（以上実線）」及び「前期比の推移（単年（上のグラフ）・3 年平均（下のグラフ），いずれも点線）」を示す．

	digital twin	smart city	BIM and building information modeling	IoT and internet of things	braintech or neurotechnology
1991-1995	-	-	-	-	-
1996-2000	-	-	-	-	-
2001-2005	5 discrete spatial model reconstruction loop	-	-	-	8 electrode neuroscience model contact revolutionary
2006-2010	-	20 spatial validate risk(s) clustering sustainable	79 precast parametric real-time integration	45 security privacy data mining connected sensor semantic sharing rfid	28 ethics tms regulatory motor signals psychotherapeutic neuroethics
2011-2015	5 aircraft different multi-physical prognosis tensile	904 data urban paper sensor wireless iot network mobility	276 design schedule space query defect	3103 devices security sensor m2m smart cloud data	84 signal cognitive learning microelectrodes silicon-based neurological
2016-2020	2094 virtual model simulation 3d management city data	6730 data iot computing security 3d	768 data management method energy design	30457 devices security sensor(s) power smart data	139 interfaces motor synapses system neuromodulation dbs

注）5未満は省いて（-と表記）おり，各期間の論文数合計が表4-5と合わないことがある．

図4-18 デジタル融合論文のクラスター分析から見えてきたキーワード②
（新キーワードによる論文抽出後：数値は各期間における論文数，文字は重要語）

単年だけでなく，過去3年平均を取ることで振幅を抑え長期の傾向が見出される．これらグラフの推移を見る限り，以下のことが確認される．

・多くの分野では時期は異なるが×'information technology' が上昇後下降．
・いずれの分野でも近年×'artificial intelligence' の論文中シェアが急激に上昇．

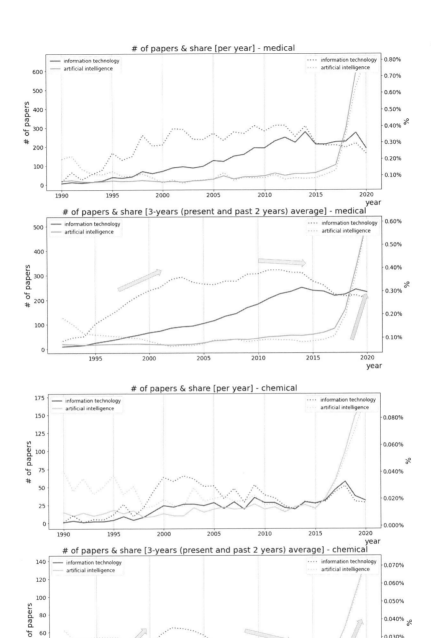

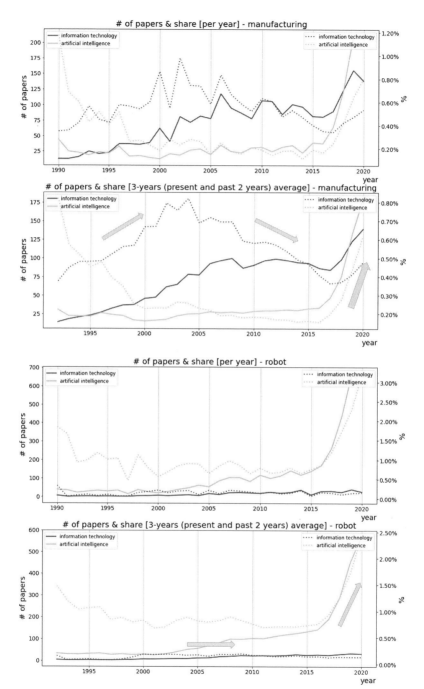

図 4-19 論文数及び論文中シェアの実数及び前期比の推移
(上から順に 'medical', 'chemical', 'manufacturing', 'robot' の 1 年・3 年平均)

傾向をまとめると，分野によって大小の差はあれ，IT 融合は 2000 年代に入って 2010-2015 年まで各分野で進展する一方，AI 融合は特に 2015 年以降各分野で急激に進展している．ただ，IT 融合よりも AI 融合の方が，各分野に対するシェア拡大，つまりインパクトが大きいことは明らかである．

4-3-2　一論文当たりの平均被引用数の比の推移

図 4-20 は融合分野毎の一論文当たりの平均被引用数の比を表す．ここでも，以下の 4 つの事例を取り上げ，いずれも同一グラフに IT 融合（濃），AI 融合（薄）の折れ線グラフを描写する．

'medical', 'chemical', 'manufacturing', 'robot'
×'information technology', 'artificial intelligence'

グラフ上 1 超だと平均より引用が多い，1 未満だと平均より引用が少ないことを意味する．グラフの推移を見る限り，以下のことが確認される．

・分野によっては，一時期×information technology が 1 超．
・いずれの分野でも，近年×artificial intelligence が 1 超．

分野によって差はあるが，傾向をまとめると IT 融合は 2000 年代に入って 2010-2015 年まで平均被引用数が高くなる時期がある一方，AI 融合は特に 2015 年以降各分野で平均被引用数が高くなっている．IT 融合よりも AI 融合の方が数値自体小さいケースが見られるが，これは必ずしも IT 融合の方が AI 融合よりインパクトがあることを意味しない．被引用数は過去の履歴が蓄積されるため，新しい論文は相対的に小さくなる傾向があることに留意が必要である．

4-3-3　浸透度と注目度の関係性

浸透度・注目度の 2 つの指標を設定の上，縦軸・横軸に図示することで，デジタル融合の分野間比較が容易になる．ここでは，過去 5 年間

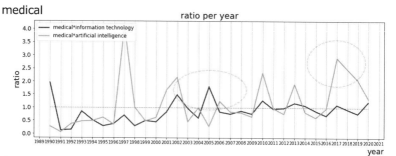
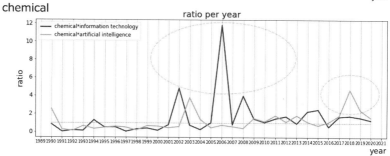
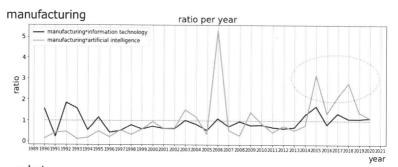
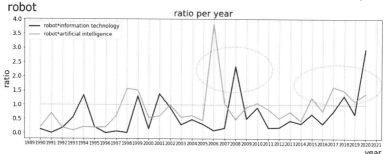

図 4-20 一論文当たりの平均被引用数の比の推移
(上から順に 'medical', 'chemical', 'manufacturing', 'robot', 一年単位)

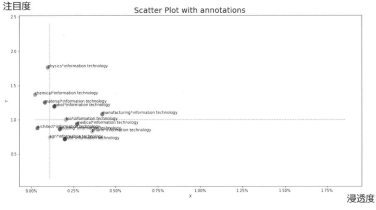

図 4-21　ものづくり×IT の浸透度と注目度

(2016-2020) に期間を特定し，IT 融合・AI 融合につき各分野の指標（浸透度・注目度）を比較した．結果は以下のとおりである．

ものづくり×IT については，プロットの位置が比較的まとまっている（図 4-21）．注目度 1 超は高い方から 'physics'，'chemical'，'material'，'robot'，'manufacturing' となっており，浸透度が高くなくとも注目度が高いグループがある．

一方，ものづくり×AI については，散在しているように映る（図 4-22）．robot の浸透度が突出して高く，agri, house（ここでは housing と表示）を除き，注目度は 1 超となっている．浸透度が高くなくも注目度が高いグループがある．

グループ化すると傾向の把握が容易になる．医療・材料系（太線）の注目度が最も高く，機械系（点線）は次に高いグループとなっており，機械系の中でもロボット（細線）だけ浸透度が突出していることが浮かび上がる．

また，サービス×AI については，浸透度・注目度ともに，game が突出して高い（図 4-23）．他の分野で注目度が 1 超となっているのは electricity, credit で，ほとんどが 1 未満となっている．

4-3-4　上位論文リスト

ここでは，具体的にどのような論文の注目度が高くなっているかを把握

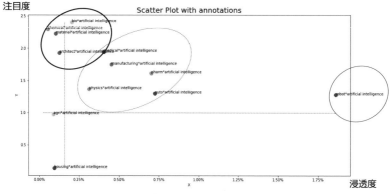

図 4-22　ものづくり×AI の浸透度と注目度

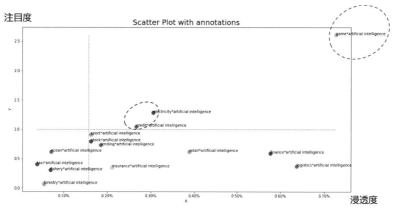

図 4-23　サービス×AI の浸透度と注目度

するため，上位からリストアップした結果をいくつか例示しておきたい（'artificial intelligence', 'medical'×'artificial intelligence', 'robot'×'artificial intelligence', 'game'×'artificial intelligence', 'MaaS'×'Mobility as a Service' の 4 つの AI 融合のケース）．

表 4-6，表 4-7 では Prof. Lecun, Prof. Hinton の "Deep learning" が最上位に位置している．なお，2 つの表を見て分かるとおり，抽出論文の母集団が異なるため，同一論文でも当該母集団での引用・非引用関係から算定した平均被引用数はそれぞれ異なっている．

表 4-7 において融合論文を抽出しているにもかかわらず AI 技術そのものをテーマとする論文が上位に含まれるのは，概要に例示として 'medi-

eid		afs	author	ym	title	abstract	citd
84930630277	2-s2.0-84930630277	[Facebook AI Research, College of Dentistry, U...	[Lecun Y.A., Lecun Y.A., Bengio Y., Hinton G.,...	201505	Deep learning	Deep learning allows computational models tha...	1273
84876231242	2-s2.0-84876231242	[University of Toronto, University of Toronto,...	[Krizhevsky A., Sutskever I., Hinton G.]	201212	ImageNet classification with deep convolutional...	We trained a large, deep convolutional neural...	1068
84986274465	2-s2.0-84986274465	[Microsoft Research, Microsoft Research, Micro...	[He K., Zhang X., Ren S., Sun J.]	201612	Deep residual learning for image recognition	Deeper neural networks are more difficult to ...	780
31573117	2-s2.0-0031573117	[Tech. Universität München, NNAISENSE]	[Hochreiter S., Schmidhuber J.]	199711	Long Short-Term Memory	Learning to store information over extended t...	543
84963949906	2-s2.0-84963949906	[Google DeepMind, Google DeepMind, Google Deep...	[Silver D., Huang A., Maddison C.J., Guez A.,...	201601	Mastering the game of Go with deep neural netw...	The game of Go has long been viewed as the mo...	510
27601884	2-s2.0-0027601884	[University of California]	[Jang J.-S.R.]	199301	ANFIS: Adaptive-Network-Based Fuzzy Inference ...	The architecture and learning procedure under...	481
32203257	2-s2.0-0032203257	[AT and T Labs- Research, AT and T Labs- Resea...	[Lecun Y.A., Bottou L., Haffner P., Bengio Y.,...	199812	Gradient-based learning applied to document re...	Multilayer neural networks trained with the b...	474
35478854	2-s2.0-0035478854	[University of California]	[Breiman L.]	200110	Random forests	Random forests are a combination of tree pred...	450
85016143105	2-s2.0-85016143105	[Stanford University, Stanford University, Sta...	[Esteva A., Kuprel B., Novoa R.A., Ko J.M., Sw...	201702	Dermatologist-level classification of skin can...	Skin cancer, the most common human malignancy...	446
84924051598	2-s2.0-84924051598	[Google DeepMind, Google DeepMind, Google Deep...	[Mnih V., Kavukcuoglu K., Silver D., Rusu A.A...	201502	Human-level control through deep reinforcement...	The theory of reinforcement learning provides...	443

表 4-6 抽出論文のうち被引用数トップ 10（'artificial intelligence'）

eid		afs	author	ym	title	abstract	citd
84930630277	2-s2.0-84930630277	[Facebook AI Research, College of Dentistry, U...	[Lecun Y.A., Lecun Y.A., Bengio Y., Hinton G.,...	201505	Deep learning	Deep learning allows computational models tha...	177
85016143105	2-s2.0-85016143105	[Stanford University, Stanford University, Sta...	[Esteva A., Kuprel B., Novoa R.A., Ko J.M., Sw...	201702	Dermatologist-level classification of skin can...	Skin cancer, the most common human malignancy...	158
84876231242	2-s2.0-84876231242	[University of Toronto, University of Toronto,...	[Krizhevsky A., Sutskever I., Hinton G.,...	201212	ImageNet classification with deep convolutional...	We trained a large, deep convolutional neural...	117
85007529863	2-s2.0-85007529863	[Inc., Inc., Inc., Inc., Inc., Inc., Inc...	[Gulshan V., Peng L., Coram M.A., Stumpe M.C.,...	201612	Development and validation of a deep learning ...	IMPORTANCE Deep learning is a family of compu...	103
84986274465	2-s2.0-84986274465	[Microsoft Research, Microsoft Research, Micro...	[He K., Zhang X., Ren S., Sun J.]	201612	Deep residual learning for image recognition	Deeper neural networks are more difficult to ...	90
85026529300	2-s2.0-85026529300	[Univ. Medical Centre St. Radboud, Univ. Medic...	[Litjens G., Kooi T., Bejnordi B.E., Setio A.,...	201712	A survey on deep learning in medical image ana...	Deep learning algorithms, in particular convo...	61
84951834022	2-s2.0-84951834022	[University of Freiburg, University of Freibur...	[Ronneberger O., Fischer P., Brox T.]	201501	U-net: Convolutional networks for biomedical i...	There is large consent that successful traini...	59
85059811921	2-s2.0-85059811921	[Scripps Research]	[Topol E.J.]	201901	High-performance medicine: the convergence of ...	The use of artificial intelligence, and the d...	58
84937522268	2-s2.0-84937522268	[Inc., Inc., Inc., Inc., Inc., Inc.,...	[Szegedy C., Jia Y., Sermanet P., Anguelov D.,...	201510	Going deeper with convolutions	We propose a deep convolutional neural networ...	50
84990046464	2-s2.0-84990046464	[Harvard Medical School, Univ. of Pennsylvania...	[Obermeyer Z., Emanuel E.J.]	201609	Predicting the future-big data, machine learni...		50

表 4-7 抽出論文のうち被引用数トップ 10（'medical' and 'artificial intelligence'）

cal' を挙げているからである．下位には 'medical' との融合を表す論文が見られる．

表 4-8 においては，"DARPA Grand Challenge"，ヒューマノイド，農業など AI 技術の応用範囲が非常に幅広いことが分かる．

表 4-9 では Google 傘下の DeepMind の論文がトップ 3 に入っている．2 つが囲碁に関する論文で一つは Atari に関する論文である．下位には AI 技術自体に関する論文も含まれる．

表 4-10 に示すトップ 10 の論文はいずれも 2015 年以降に発表された論文となっている．これは 4-2-4，図 4-17 で述べたとおり，'MaaS' and 'Mobility as a Service' のコンセプト自体新しいためである．

eid	afs	author	ym	title	abstract	citd
22688781	2-s2.0-0022688781	[Laboratory for Computer Science]	[Brooks R.A.]	198601	A Robust Layered Control System For A Mobile R...	A new architecture for controlling mobile rob...	94
25957717	2-s2.0-0025957717	[Laboratory for Computer Science]	[Brooks R.A.]	199101	Intelligence without representation	Artificial intelligence research has foundere...	65
84930630277	2-s2.0-84930630277	[Facebook AI Research, College of Dentistry, U...	[Lecun Y.A., Lecun Y.A., Bengio Y., Hinton G.,...	201505	Deep learning	Deep learning allows computational models tha...	64
84999828423	2-s2.0-84999828423	[University of Oxford, University of Oxford]	[Frey C.B., Osborne M.A.]	201701	The future of employment: How susceptible are ...	We examine how susceptible jobs are to comput...	49
19199513	2-s2.0-0019199513	[University of California]	[Searle J.R.]	198001	Minds, brains, and programs	This article can be viewed as an attempt to e...	46
84963949906	2-s2.0-84963949906	[Google DeepMind, Google DeepMind, Google Deep...	[Silver D., Huang A., Maddison C.J., Guez A., ...	201601	Mastering the game of Go with deep neural netw...	The game of Go has long been viewed as the mo...	44
84924051598	2-s2.0-84924051598	[Google DeepMind, Google DeepMind, Google Deep...	[Mnih V., Kavukcuoglu K., Silver D., Rusu A.A....	201502	Human-level control through deep reinforcement...	The theory of reinforcement learning provides...	43
84876231242	2-s2.0-84876231242	[University of Toronto, University of Toronto,...	[Krizhevsky A., Sutskever I., Hinton G.]	201212	ImageNet classification with deep convolutiona...	We trained a large, deep convolutional neural...	42
45149140937	2-s2.0-45149140937	[Princeton University]	[Harnad S.]	199001	The symbol grounding problem	There has been much discussion recently about...	37
34249833101	2-s2.0-34249833101	[, University of Edinburgh]	[Watkins C.J., Dayan P.]	199201	Technical Note: Q-Learning	(Formula presented.)-learning (Watkins, 1989)...	37

表 4-8　抽出論文のうち被引用数トップ 10（'robot'and 'artificial intelligence'）

eid	afs	author	ym	title	abstract	citd
84963949906	2-s2.0-84963949906	[Google DeepMind, Google DeepMind, Google Deep...	[Silver D., Huang A., Maddison C.J., Guez A., ...	201601	Mastering the game of Go with deep neural netw...	The game of Go has long been viewed as the mo...	137
84924051598	2-s2.0-84924051598	[Google DeepMind, Google DeepMind, Google Deep...	[Mnih V., Kavukcuoglu K., Silver D., Rusu A.A....	201502	Human-level control through deep reinforcement...	The theory of reinforcement learning provides...	102
85031918331	2-s2.0-85031918331	[Google DeepMind, Google DeepMind, Google Deep...	[Silver D., Schrittwieser J., Simonyan K., Ant...	201710	Mastering the game of Go without human knowledge	A long-standing goal of artificial intelligen...	84
36149522	2-s2.0-0036149522	[IBM T.J. Watson Research Center, Sandbridge T...	[Campbell M., Hoane Jr. A.Joseph, Hsu F-h.]	200201	Deep Blue	Deep Blue is the chess machine that defeated ...	54
34249833101	2-s2.0-34249833101	[, University of Edinburgh]	[Watkins C.J., Dayan P.]	199201	Technical Note: Q-Learning	(Formula presented.)-learning (Watkins, 1989)...	50
84858960516	2-s2.0-84858960516	[Imperial College, Imperial College, Imperial ...	[Browne C., Tavener S., Colton S., Lucas S., R...	201203	A survey of Monte Carlo tree search methods	Monte Carlo tree search (MCTS) is a recently ...	49
84930630277	2-s2.0-84930630277	[Facebook AI Research, College of Dentistry, U...	[Lecun Y.A., Lecun Y.A., Bengio Y., Hinton G.,...	201505	Deep learning	Deep learning allows computational models tha...	47
84876231242	2-s2.0-84876231242	[University of Toronto, University of Toronto,...	[Krizhevsky A., Sutskever I., Hinton G.]	201212	ImageNet classification with deep convolutiona...	We trained a large, deep convolutional neural...	47
33750293964	2-s2.0-33750293964	[Hungarian Academy of Sciences, Hungarian Acad...	[Kocsis L., Szepesvari C.]	200601	Bandit based Monte-Carlo planning	For large state-space Markovian Decision Prob...	46
84890950508	2-s2.0-84890950508	[Drexel University, Drexel University, Laborat...	[Ontanon S., Uriarte A., Synnaeve G., Richoux ...	201312	A survey of real-time strategy game AI researc...	This paper presents an overview of the existi...	41

表 4-9　抽出論文のうち被引用数トップ 10（'game' and 'artificial intelligence'）

eid	afs	author	ym	title	abstract	citd
85041721176	2-s2.0-85041721176	[Radbout University, Radbout University, Eindh...	[Jittrapirom P., Ebrahimigharehbaghi S., Calat...	201701	Mobility as a service: A critical review of de...	Mobility as a Service (MaaS) is a recent inno...	46
84991236134	2-s2.0-84991236134	[University College London, University College...	[Kamargianni M., Li W., Matyas M., Schafer A.]	201601	A Critical Review of New Mobility Services for...	The growing pressure on urban passenger trans...	41
85014056234	2-s2.0-85014056234	[University of Sydney]	[Hensher D.A.]	201704	Future bus transport contracts under a mobilit...	The digital age has opened up new opportuniti...	38
84975886554	2-s2.0-84975886554	[Chalmers University of Technology, Chalmers U...	[Sochor J., Stromberg H., Karlsson M.]	201501	Implementing mobility as a service: Challenges...	This paper presents insights from a six-month...	27
85046162133	2-s2.0-85046162133	[Chalmers University of Technology, Chalmers U...	[Smith G., Sochor J., Karlsson M., Smith G., S...	201809	Mobility as a Service: Development scenarios a...	Bundled offerings that facilitate using multi...	27
85052435986	2-s2.0-85052435986	[University of Sydney, University of Sydney, U...	[Ho C.Q., Hensher D.A., Mulley C., Wong Y.Z.]	201811	Potential uptake and willingness-to-pay for Mo...	Mobility as a Service (MaaS), which uses a di...	21
85014943073	2-s2.0-85014943073	[University of Sydney]	[Mulley C.]	201705	Mobility as a Services (MaaS)- does it have cri...		20
84991273208	2-s2.0-84991273208	[Chalmers University of Technology, Chalmers U...	[Karlsson M., Sochor J., Stromberg H.]	201601	Developing the 'Service' in Mobility as a Serv...	This paper presents some of the findings from...	20
85047888974	2-s2.0-85047888974	[Chalmers University of Technology, Chalmers U...	[Sochor J., Karlsson M., Stromberg H.]	201601	Trying out mobility as a service: Experiences...	The concept of mobility as a service (MaaS) h...	19
85043479936	2-s2.0-85043479936	[University of Sydney, University of Aberdeen,...	[Mulley C., Nelson J.D., Wright S.]	201809	Community transport meets mobility as a servic...	The growth of ridesharing and other "new mobi...	15

表 4-10　抽出論文のうち被引用数トップ 10（'MaaS' and 'Mobility as a Service'）

4-4 考察

　以下では分析結果について，最初に設定したリサーチクエスチョンに沿って考察を行う．4-4-1 では 1 つ目のリサーチクエスチョンについて，4-4-2 では 2 つ目のリサーチクエスチョンについて分析結果の解釈を行い，4-4-3 にて浸透度・注目度について考察する．

　また，4-4-4 では可視化された各種技術融合について見解を述べ，4-4-5 にてとりまとめを行う．

4-4-1　可視化により得られた所見

　クラスタリングによるコミュニティの特定，トピックの変遷の可視化により，デジタル融合の対象分野それぞれの特徴的な変化が見えるようになった．一言で言えば，デジタル技術の進展に伴い「解ける問い」が増えて，融合が変化あるいは進化していく様子が確認できた．分かりやすい事例は 'game' 分野である．4-2-2 にて取り上げた 'game' のトピックの変遷で見たとおり，AI 技術の進展・高度化により，チェスから囲碁までより難易度の高いゲームにも AI が勝てるようになっていることがまさにこのことを象徴している．論文引用ネットワーク分析により変化あるいは進化を定量的に把握できると確認されたことは意義深い．

　分野横断的にトピックの変遷を観察した結果，どの分野でもキーワードが独立して使用されるようになり，1 つの言葉に収斂していく（それを核として新しい研究コミュニティが形成されていく）様子が確認された．この新しい 1 語のキーワードを用いて 2 語のキーワードと同様に論文を検索・抽出し，クラスタリングを行った．この結果，2 語のキーワードで表現されるデジタル融合技術論文（以下，「二語検索論文」）と，1 つの言葉に収斂したキーワードを含むデジタル融合技術論文（以下，「一語検索論文」）の高被引用上位の特徴としては，二語検索論文の方が多様性があり，一語検索論文の方が強弱が明確であることが確認された．

　二語検索論文は，大学内の異なる部間が共同で執筆する，産学が共同で

執筆する，同一の研究者が大学だけでなく企業にも所属した上で執筆するなど，著者の所属先の多様性が見られる一方，一語検索論文は，単一部局の大学関係者が中心となった論文が多いことが観察される．また，二語検索論文は，まだ研究の先に何があるか明確になっていない段階で，2語に象徴される各分野の論文と分野融合論文が混在する一方，一語検索論文は，研究の指向性が明瞭で目的意識が先鋭化されている印象がある．

4-4-2　時系列の変化と分野間の差異

デジタル融合においては，発表論文数とその融合論文のシェア，平均被引用数について，一定の傾向があることが明らかになった．すなわち，IT融合についてはある時期まで進展し，ある時期から後退している分野が見られること，AI融合については近年顕著な伸びを見せている分野がほとんどであると確認できたということである．

これらの結果を踏まえ，浸透度・注目度という2つの指標を独自に設定の上，二次元に図示するという新しい枠組を導入することにより，デジタル融合の分野間比較を行った．分野によってAIの浸透度・注目度に違いがあることが分かったが，重要な点は注目度の高さに一定のまとまりが見られるということである．

具体的には，ものづくり分野では 'medical', 'chemical' 'bio' 'material' といった医療・材料系の注目度が最も高く，'manufacturing', 'auto', 'robot' といった機械系は注目度が次に高いグループとなっている．中でも 'robot' の浸透度の高さは注目に値する．これはロボットをより機能させるためAIへの期待が高まっているからとも読み取れる．

サービス分野では何よりも 'game' の浸透度・注目度が突出して大きくなっている点は特筆すべきである．特にチェス，将棋，囲碁などのボードゲームは勝利に至るまでの打ち手の組合せ数が膨大で，人間の能力と比較する上で，AI技術進展のマイルストーンとしての役割を果たしてきたと言える．つまり，'game' はAI研究者にとって自身の研究成果をアピールする上での格好の研究対象であったと言っても過言ではない．このため，バンドワゴン効果が働いて，浸透度・注目度が上昇していったと考えるの

が自然であろう．一方，結果からは 'game' を除いては AI に対しまだ大きな期待が現れていないとも解されるが，論文の母集団が相対的に小規模であり，'game' と横並びで比較可能かは意見が分かれるところである．何より，以上は学術論文に関する分析であることに留意が必要である．実際，サービス分野への AI の社会実装は足下で着実に進展している．例えば，AI による最適な電力供給の予測やクレジットカードの AI による不正検知など，足下ではサービス分野において AI の活用し得る課題への適用が目立つようになっている．

4-4-3　浸透度・注目度の意味するところ

普及率は 100% であれば全てに行き渡った状態を示すが，ある特定の分野において AI が 100% 普及することは考えられない．このため，普及率という言葉を用いるのは適切ではない．そこで，AI 融合がある分野に普及・浸透している割合として「浸透度」と設定している．

また，注目度は英語で "attention rate" となるが，これはデジタル時代にあって人が見続ける又は顧客が没頭する期間とされる．論文の被引用数も同様の意味合いを持つものである．一方，平均と比較した場合の大小が一目で把握可能となるよう，「注目度」としては平均被引用数の比を用いることとした．

浸透度・注目度の分析において過去 5 年間に設定したのは，古い引用履歴でなく新しい引用履歴に着目して，近年注目を集めていることを一目で把握できるようにするためである．本研究においては，現在から 1 年，3 年，5 年，10 年と遡って当該論文の被引用数の変化を確認しているが，5 年に設定したのは短過ぎず，長過ぎず，その中間の期間として適切と考えたことによる．

ここでは行っていないが，この 2 つの指標で表現したグラフの時系列変化（例えば 5 年毎）をフォローすることで，AI が研究や産業に及ぼす影響，更にその先の可能性について示唆が得られるものと考えている．

4-4-4　各種技術融合に対する見解

これまで挙げた各種技術融合を始め，全体像を大摑みに表現したのが図

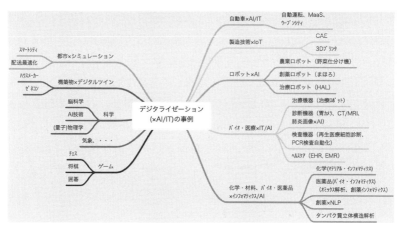

図 4-24 デジタライゼーション (*AI/IT) の事例

4-24 である．

本分析から得られた情報を踏まえ，図 4-24 を参照しつつ，自分自身のこれまでの職務経験も踏まえ，いくつかの技術融合を取り上げて，以下に見解を述べたい．

(1) 'medical' and 'information technology', 'bioinformatics', 'medical' and 'artificial intelligence'

医療・ヘルスケア分野のデジタル化は，1970 年代，80 年代と専門家の知識をルール化するエキスパートシステム（例. MYCIN）が先駆けとなり，1990 年代の IT 技術の進展に伴い，1990 年代後半からはバイオ・インフォマティクスの研究が進展した．'bioinformatics' にて検索・抽出した論文数（表 4-5）を見ても，本技術の隆盛が長く太く続いていると確認できる．国際共同研究として推進された『ヒトゲノム計画』がゲノミクスを後押しした面もあるが，以降，シーケンサーの発展，オミックス（トランスクリプトーム解析，メタボローム解析等）の進展にも繋がり，現在に至っている．

一方，医療現場の IT 化（カルテ，レセプト等）が進む中で，患者個人の健康維持・改善の観点から EMR，EHR が進展してきた．未病という概念，ヘルスケアという言葉が一般的になってきたのはこの過程においてである．

2010 年代の AI 技術の急進に伴い，様々な場面に AI 技術の応用が広が

っている．具体的には内視鏡やCT/MRIの画像診断，全論文解析による創薬のための化合物探索，タンパク質立体構造解析などに応用され，拡がりを見せている．医療・ヘルスケア分野へのAI応用への期待は大きく，今後ここで取り上げていない課題・タスクにも浸透していくのは時間の問題と考えられる．

(2) 'chemical' and 'artificial intelligence'

化学・材料分野へのAI技術の応用の歴史はまだ浅い．近年のマテリアル・インフォマティクスは材料の順問題でなく逆問題からのアプローチによる新材料開発への期待が高まっていることの表れであり，さらにAIが化合物医薬品に向かえばファーマコ・インフォマティクスの展開にも繋がる．近年は 'chemical' と 'medical' の越境が 'biochemical', 'biomedical' という分野を跨いで頻繁に起こっているように見受けられる．ケースによるが，ものづくり技術からではなくAI技術からのアプローチによれば，AIのカバーする範囲の境界を気にする必要はないので，AIが触媒となってものづくり技術の境界線を良い意味で曖昧にしているとも言える．

(3) 'manufacturing' and 'artificial intelligence', 'ERP' and 'enterprise resource planning'

製造分野のデジタル化は，1980年代，90年代とCADからCAM，CAEに拡がってきた．製造分野はものづくりを得意とする日本のお家芸として特に90年代は『フルターンキー』という言葉に代表される工場の自動化への期待が高まった時期である．経済産業省（当時は通商産業省）においてIMS（Intelligent Manufacturing System）プロジェクトが推進された時期でもあり，日本の製造業はITを十分に活用し，工場の自動化は相当程度進展したと言える．また，全社的な資源配分の最適化を図るための 'ERP' に関する研究も継続的に進展（図4-17）し，各社で適用されている．

一方，AI技術は品質検査（画像診断）など工場の特定の場面でその威力・効果を発揮するようになっている．また，製造業では工場外，例えば物品配送のルーティング最適化などにもAIは応用されているところであ

る.

(4) 'robot' and 'artificial intelligence'

ロボット分野は外縁があまり明確でなく，研究テーマは幅広い．人で表現すると視覚，聴覚，触覚といった感覚器官，手や足といった運動器系，頭・脳といった指令塔，それを伝達する神経系統と幅広く，どの部位とAI を関連付けるかにより研究課題が大きく異なり，論文数も多くなっている．また，ロボットをどこに応用するかという観点からは，製造業，農業，建設業といった産業だけでなく，教育や家庭，さらには防衛といった用途にまで拡がりがある．

日本では産業用ロボットに限らずロボットの研究開発，商品化の促進を期待して，1994 年に日本産業用ロボット工業会が日本ロボット工業会に名称変更し，産総研やホンダにおいても人型ロボットの研究は進展した．ただし，今のところ，AI と関連付けて使用されるロボットは用途が掃除用（例．ルンバ）など限定的，逆に言えば，限られた用途で AI 技術の威力・効果を発揮している印象がある．'robot' and 'artificial intelligence' はより日本の技術の蓄積を活かして伸ばせる融合分野と考えられるが，残念ながらその状況にないのが現状である．

表 4-8 に上位 10 論文をリストアップしたが，さらに抽出論文を深掘りすると，ヒューマノイド，フレキシブル・センサー，電子皮膚，手腕の制御，会話理解，脳科学，リテール，農業，サービスロボット，サッカーとロボットと AI の技術融合の範囲が多岐に亘ることが確認できる．

(5) 'IoT' and 'internet of things'

IoT は 2010 年代後半になって急激に発展を遂げている分野である（図4-18）．IoT はものとインターネットが融合する融合技術そのもので，これによりセンシングからアクションまで一気通貫で物事が制御可能になると期待が高く，5G の進展と相俟って社会実装が進んでいくと見られている．参考までに，NEDO では本技術の先を見据えて 2016 年 4 月に IoT推進部が発足し，IoT その他の研究開発の進展に力を注いでいる（2024年 7 月，組織再編により IoT 推進部という名称はなくなっている）．

(6) 'game' and 'artificial intelligence'

ゲーム分野については，TV ゲームそのものがデジタル技術でもあり，もとより IT/AI との親和性は高い．チェス，将棋，囲碁といったボード盤のゲームは AI 技術の発展のメルクマールとなっていた側面があり，AI 技術向上の指標，試金石としての意味合いもあった．表 4-9 に上位 10 論文をリストアップしたが，さらに抽出論文を深掘りすると，他にもアタリ，ブロック崩し，マリオといった TV（ビデオ）ゲームにも AI を適用すべき研究が進展してきたことが確認できる．ゲームが AI 技術の試金石としての役割は終えたとしても，ゲーム分野はこれからも AI 融合は進展し，新しいゲームの場合には AI と表裏一体で開発が行われることはこれまでの学術研究を見れば明らかである．

4-4-5　まとめ

デジタル技術の融合（ものづくり×IT・AI）は，全体的な傾向としては進展しつつも分野毎に見ると盛衰が異なることが確認できた．特に AI がより難易度の高いゲームに挑戦し『人間超え』を果たしてきている様子は象徴的である．

発表論文数とその融合論文のシェアを追っていくことで，分野によるが，IT 融合はある時期まで進展し，ある時期から後退しているケースが見られることが確認できた．一方，AI 融合は近年顕著な伸びを見せている分野がほとんどである．平均被引用数についても，IT 融合は 2000 年代に入って 2010-2015 年まで高くなる時期がある一方，AI 融合は特に 2015 年以降各分野で平均被引用数が高くなっている．

この結果に基づき，浸透度・注目度と指標を設定の上，二次元に図示することで，デジタル融合の分野間比較が容易になることが確認できた．ものづくり分野だけでなくサービス分野でも同様だが，デジタル融合の傾向と融合分野間の相違点も検証することができた．

第5章　AIの産学連携——
『両利き研究者』の出現

本章の目標は以下のリサーチ・クエスチョンに対し示唆を得ることである.

・AI研究自体が産学連携のあり方に質的変化をもたらしているのではないか. そうであれば, どのような変化が起きていて, その背景には何があるのか.

本章は, IEEE BigData 2022に投稿・発表した論文での分析[1]をベースにしている.

前半は, 「AIは産学連携, 特に両利き研究者と親和性があるか」という仮説の検証に相当する. このイメージを図示すると図5-1のとおりとなる.

ところで, イノベーション・モデルの一つとしての産学連携は, 現在, 大きな変革期にある. AIが急速に進化を遂げつつ, "general purpose technology (GPT)" として様々な分野で広く活用されることになってきた[2][3]この10年は, 大学発スタートアップに教員が参画するだけでなく, 大学の教員が既存の企業に所属するようなケースも出現している. これは産

---

(1)　T. Yamazaki and I. Sakata, "Big data analysis reveals an emerging change in academia-industry collaborations in the era of digital convergence," in *IEEE BigData 2022*, Osaka, Japan, Dec. 2022, pp. 6091–6100.

(2)　S. Petralia, "Mapping general purpose technologies with patent data," *Res. Policy*, vol. 49, no. 1, Sep. 2021, Art. no. 104013.

(3)　A. Goldfarb, B. Taska, and F. Teodoridis, "Could machine learning be a general purpose technology? A comparison of emerging technologies using data from online job postings," *Res. Policy*, vol. 52, no. 1, Jan. 2023, Art. no. 104653.

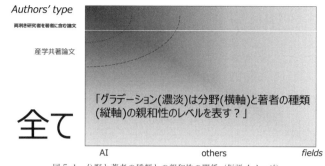

図5-1 分野と著者の種類との親和性の関係（仮説イメージ）

学連携が効率や効果を追求してきた結果とも言えるが，産学共著論文，中でも一人で産学連携を行う『両利き研究者』を著者に含む論文の学術的価値は，現時点では明らかにされていない．また，産学連携への参画が学術研究にもたらす効果についても議論の途上にある．

そこで本研究では，産学連携による学術研究と両利き研究者に焦点を当て，論文引用データ分析によりそれらの学術的なインパクトの大きさや変化を明らかにした．

まずはトップ論文を対象として全体分析を行い，続いて時系列分析を行った．その上で全論文を対象として時系列分析，詳細分析を行った（結果の5-3-1以前はトップ論文分析，5-3-2以降は全論文分析）．

具体的には，全体分析として，まず大局的な理解が可能となるよう産学共著論文や両利き研究者を著者に含む論文の位置付けや平均被引用数を概観し，次に産学共著論文と両利き研究者を著者に含む論文を全体と比較しつつ，AIへの注目が高くなったこの10年の時系列分析を行った[1]．最後に平均被引用数の高い論文の著者所属組織とその組合せについて詳細分析を行った．

5-1 手法

5-1-1 全体分析（トップ論文）

Scopusの論文データセットを用い，トップ100，1,000，10,000，100,000，1,000,000の論文それぞれの母集団について，2020年まで

の全論文，産学共著論文及び両利き研究者を著者に含む論文それぞれの平均被引用数の分布を比較した．

5-1-2 時系列分析（トップ論文，全論文）

高被引用論文を時系列で追っていくことで，産学共著論文及び両利き研究者を著者に含む論文の数，被引用数，注目度がどのように推移しているかを分析した．ここでは，2010〜2020 年に亘り各年に発表された論文が引用するトップ 1,000，10,000，100,000 の論文につき，続いて全論文を対象として，以下の 3 つのカテゴリーに分けて分析を行った（カッコ内は略号）．

①全体 ［all］
②産学共著論文 ［co_ac］
③産学共著論文のうち，両利き研究者（企業・学術機関の双方に所属する研究者）を著者に含む論文 ［coac］

5-1-3 詳細分析（全論文）

全論文を対象として産学共著論文，両利き研究者を著者に含む論文の詳細分析を行った．関心は単一組織のみならず，組織間連携の有効性について示唆を得られないかという点にある．

手順としては，表 5-1 に示すとおり，まず単一組織の被引用数，連携頻度について分析を行い，次に組織間連携（産学組合せ）の連携頻度，被引用数について分析を行うこととした．

5-2 結果（全体分析）

表 5-2 はトップ 100，1,000，10,000，100,000，1,000,000 の論文において，各母集団で全体，産学共著論文，両利き研究者を著者に含む論文の一論文当たりの平均被引用数を比較したものである．平均被引用数は，トップ 100，1,000，10,000，100,000，1,000,000 の論文のうち，トップ 10,000 以上で産学共著論文，両利き研究者を著者に含む論

⇨ は分析と結果表示の順序

	被引用数(重み)	連携頻度(次数)
単一組織	5回以上論文公表　①　⇨	5回以上論文公表　②
	横棒グラフ化	横棒グラフ化 ネットワーク見える化 中心性分析
組織間連携 (産学組合せ)	同一の組合せで2回以上論文公表　④　◁	同一の組合せで2回以上論文公表　③
	横棒グラフ化 産学組合せネットワーク見える化 両利き研究者の所属組織の組合せをこれに上書き	横棒グラフ化 産学組合せネットワーク見える化 両利き研究者の所属組織の組合せをこれに上書き

表 5-1　産学連携と両利き研究者の詳細分析の手順

著者の種類	トップ論文の平均被引用数				
	100	*1,000*	*10,000*	*100,000*	*1,000,000*
全論文 (*all*)	37055.95	12460.47	3973.57	1225.86	359.85
産学共著論文 (*co_ac*)	35645.33 (6)	11055.04 (101)	4110.34 (803)	1346.42 (6230)	409.12 (48424)
両利き研究者を含む論文(*coac*)	23607.33 (3)	10616.37 (38)	4279.35 (245)	1370.25 (1869)	408.56 (14925)

注) 括弧内はトップ論文に含まれる論文数を表す.

表 5-2　著者の種類による論文の平均被引用数比較

文が全体を上回ることが明らかになった．このことは全論文に広げたときにも産学共著論文，両利き研究者を著者に含む論文の平均被引用数が全体を上回るであろうことを示唆する．

　論文を被引用数（縦軸）の大きい順にインデックス（横軸）を付して左から右にプロットし，その分布を表現したグラフが図 5-2，図 5-3，図 5-4である（それぞれトップ 100，1,000，10,000 の論文の分布を示す）．いずれもロングテールの分布となっている．

5-3　結果（時系列分析）

　各年発表される論文が引用する論文について，年毎にトップ論文を抽出し，(1) ①全体 [all]，②産学共著論文 [co_ac]，③両利き研究者を著

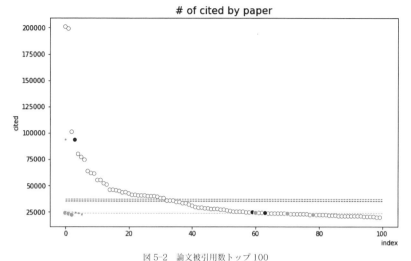

図 5-2 論文被引用数トップ 100
(全論文(●),うち産学共著論文(●),両利き研究者を著者に含む論文(○),横点線は各々の平均被引用数)

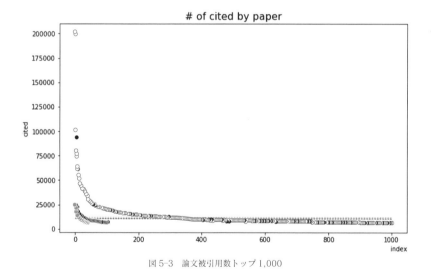

図 5-3 論文被引用数トップ 1,000

者に含む論文［coac］の論文数の推移，(2)［all］,［co_ac］,［coac］の平均被引用数の推移，(3) 全体（［all］）と対象データ（［co_ac］,［coac］）の平均被引用数の比（『注目度』）の推移，(4)［coac］の年毎の上位 5 論文の推移，(5) 高被引用論文に占める分野の違いについて分析した．

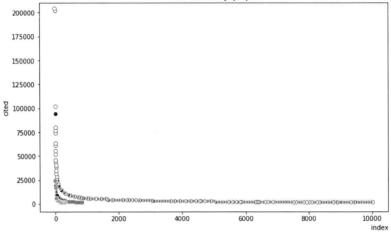

図 5-4 論文被引用数トップ 10,000

Top Type	1,000 2010	2020	10,000 2010	2020	100,000 2010	2020
co_ac	104	126 (1.21)	849	887 (1.04)	6542	6202 (0.95)
coac	30	40 (1.33)	260	261 (1.00)	2043	1794 (0.88)

注）括弧内は増加率を示す．

表 5-3 トップ論文における著者の種類毎の論文数の推移

　この結果，産学共著論文，特に両利き研究者を著者に含む論文は近年トップ論文において増加傾向にあり，インパクトが高まっていること，及びAI 研究が両利き研究者と親和性があることが明らかになった．

5-3-1　データの母集団：トップ論文
(1) 論文数の推移

　表 5-3 はトップ論文（1,000, 10,000, 100,000）における著者の種類毎の論文数の推移を表す．両利き研究者を著者に含む論文がトップ 1,000 では 10 年で 1.33 倍に，トップ 10,000 ではほぼ横ばいであり，トップ 100,000 では減少している．これは両利き研究者を著者に含む論文が，より被引用数の大きいグループ（表の左方向）にシフトしてきたとも理解できる．産学共著論文も同様の傾向だが，両利き研究者を著者に含

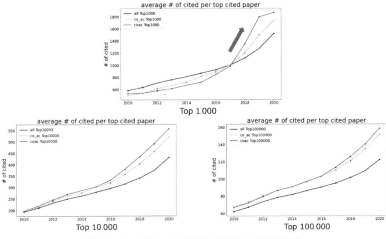

図 5-5　トップ論文における著者の種類毎の平均被引用数

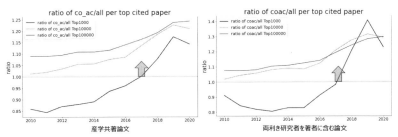

注）注目度は 1（横細線）を超えると平均より高いと言える．
図 5-6　トップ論文における産学共著論文と両利き研究者を著者に含む論文の注目度

む論文ほどではない．

(2) 平均被引用数の推移

　図 5-5 はトップ論文における著者の種類毎の平均被引用数を表す．どのグラフも両利き研究者を著者に含む論文は産学共著論文より，産学共著論文は全体より平均被引用数が高くなってきている．特にトップ 1,000 では，両利き研究者を著者に含む論文の平均被引用数が近年高い伸びを見せている．

(3) 注目度の推移

　図 5-6 はトップ論文における産学共著論文と両利き研究者を著者に含

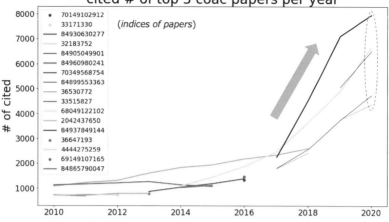

図 5-7　両利き研究者を著者に含む論文の各年のトップ 5（インデックス表示）

む論文の注目度を表す．折れ線グラフの伸びを見ると，両図ともトップ 1,000 がトップ 10,000 よりも，トップ 10,000 がトップ 100,000 よりも大きくなっている．特にトップ 1,000 では 2018 年以降注目度が 1 を超えている．このことからは産学共著論文，中でも両利き研究者を著者に含む論文の注目度が近年高まっていると解される．

(4)　年毎の上位 5 論文の推移

図 5-7 は両利き研究者を著者に含む論文の高被引用上位 5 論文を年毎に表したものである（数値は論文のインデックスを示す）．2017 年を境にトップ 5 論文の被引用数が急増している様子が確認できる．この伸びは，第 1 章で示した直近 10 年間の発表論文数及び総引用数の増加ペース（各 1.44 倍，2.20 倍）よりも格段に大きい．

図 5-7 における 2020 年の 5 論文をリストアップしたのが表 5-4 である．内容を見ると 5 件中 3 件は AI 関連であり，近年の AI 論文の躍進が際立っていると言える．

(5)　高被引用論文の分野間比較

産学共著論文，両利き研究者を著者に含む論文について，高被引用論文（トップ 1,000, 10,000, 100,000）における注目度を分野間で比較する．

eid		author	afs	ym	title	abstract	citd
84930630277	2-s2.0-84930630277	[Lecun Y.A., Lecun Y.A., Bengio Y., Hinton G.,...	[Facebook AI Research, College of Dentistry, U...	201505	Deep learning	Deep learning allows computational models tha...	7948
68049122102	2-s2.0-68049122102	[Altman D.G., Antes G., Atkins D., Barbour V.,...	[University of Oxford, Univ. of Freiburg Medic...	200907	Preferred reporting items for systematic revie...		6850
84937849144	2-s2.0-84937849144	[Goodfellow I.J., Pouget-Abadie J., Mirza M., ...	[University of Montreal, University of Montrea...	201401	Generative adversarial nets	We propose a new framework for estimating gen...	6514
84905049901	2-s2.0-84905049901	[Bolger A.M., Lohse M., Bolger A.M., Usadel B....	[Max Planck Institute of Molecular Plant Physi...	201408	Trimmomatic: A flexible trimmer for Illumina s...	Motivation: Although many next-generation seq...	4730
84960980241	2-s2.0-84960980241	[Ren S., He K., Girshick R., Sun J., Ren S.]	[Microsoft Research, Microsoft Research, Micro...	201501	Faster R-CNN: Towards real-time object detecti...	State-of-the-art object detection networks de...	4371

注) 薄でハイライトした論文はAI関連であることを示す.

表 5-4 2020 年における最被引用論文トップ 5

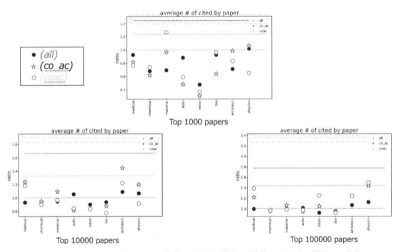

図 5-8 AI 分野とその他の分野 (横軸) で異なる著者の種類毎の注目度 (縦軸) の比較

図 5-8 は AI (横点線) と AI 以外の分野 (medical, chemical 他) で算定可能なもの (点) を比較した結果である. トップ 1,000, 10,000, 100,000 のいずれを見ても両利き研究者を著者に含む論文の注目度が最上位に, 産学共著論文が上位にあり, この結果からは AI 分野は他分野と比較して注目度が有意に高くなっていると言える.

AI 関連の高被引用論文に少数の著名な両利き研究者 (Prof. LeCun, Prof. Hinton ら) が何度も現れ, 最上位にある高被引用論文が注目度を引き上げていることは事実である. しかし, このような傾向は AI 分野に限らず他分野においても見られることであり, また, 目視により確認した

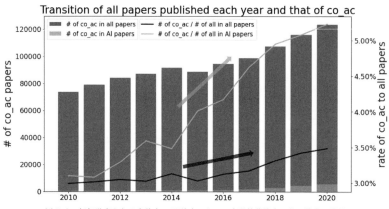

図 5-9　毎年発表される全論文，AI 論文における産学共著論文の数・比率の推移

ところでは，AI 関連の高被引用論文は他の両利き研究者を著者に含むものも多く，限られた論文のみで結果が左右されている訳ではないことなどから，構造的な傾向と考えて差し支えない（付録 3，付録 4 参照）．

5-3-2　データの母集団：全論文

(1) 全論文と AI 論文における著者の種類毎の平均被引用数の比較

　ここでは，2010〜2020 年に公表された全論文と AI 論文のそれぞれにおいて，産学共著論文と両利き研究者を著者に含む論文の被引用数がどのように推移しているかを比較し，それぞれの傾向や関係性を分析した．図 5-9 は全論文と AI 論文に占める産学共著論文（[co_ac]）の比率の推移を示している．2 つの折れ線グラフを比較すると明らかなように，AI 分野では全分野よりも産学共著論文の比率が大幅に上昇していることが分かる．

　図 5-10 は，全論文と AI 論文において両利き研究者を著者に含む論文（[coac]）の比率の推移を示したものである．2 つの折れ線グラフを比較すると明らかなように，AI 分野では全分野よりも両利き研究者を著者に含む論文の比率が顕著に増加していることが分かる．

　図 5-11 は，図 5-9 と図 5-10 図の折れ線グラフを 1 つにまとめたものである．示唆の一つは，産学共著論文及び両利き研究者を著者に含む論文の AI 論文に占める比率がともに全論文に占める比率を上回っているこ

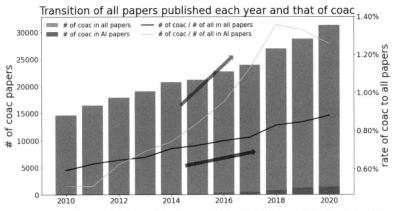

図 5-10　毎年発表される全論文，AI論文における両利き研究者を著者に含む論文の数・比率の推移

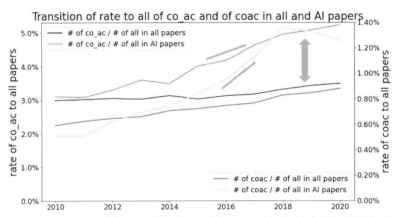

図 5-11　毎年発表される全論文，AI論文に占める産学共著論文，両利き研究者を著者に含む論文の比率の推移

とである．もう一つは，伸び（増加率）について，全論文において両利き研究者を著者に含む論文の比率が産学共著論文の比率よりも大きくなっていること，それ以上に AI 論文において両利き研究者を著者に含む論文の比率が産学共著論文の比率を上回っていることである．

(2) 他の分野と比較した場合の AI 論文の注目度

　全論文を対象として AI 論文の平均被引用数を全論文のそれと比較する（図 5-12）と，母集団がトップ論文のときの傾向と異なり，母集団が全論文の場合は AI 論文の方が全論文より低くなっていることが分かる（AI 論

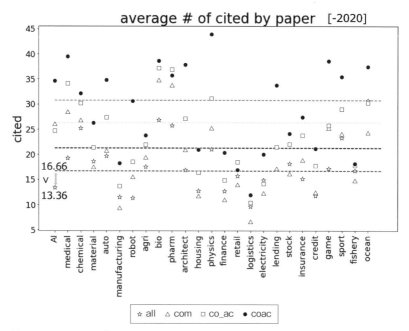

図 5-12 AI 分野とその他の分野（横軸）で異なる著者の種類毎の平均被引用数（縦軸）の比較（著者の種類に企業論文を追加）

文：13.36 回＜全論文：16.66 回）．これは，注目される多くの AI 論文の発表年（特に高被引用論文）が deep learning が画像認識で注目され始めた以降のこの 10 年に集中しているためと考えられる．

　一般的に新しい論文の被引用回数は過去の蓄積が少ない分小さくなる傾向がある．そこで，過去の引用履歴に囚われ過ぎないよう，この 10 年に発表された論文が引用する論文（この 10 年の被引用論文）を母集団として分析することとした．この場合，過去の引用履歴の影響がどのように現れるか把握しつつも時系列で明確になるよう，特定年以降に期間を区切ってその傾向を検証した．具体的には，[-2020] に [2010-2020]，[2015-2020]，[2018-2020]，[2020] の 4 期間を加えた計 5 期間を対象として分析を行った．これは過去から現在ではなく，現在から過去のある時点まで遡った場合の引用数と見ることもできる．現在から過去を振り返った逆時系列の引用数とも言え，新しい概念である．

　なお，本分析においては，これまで著者の種類として挙げていた，全論

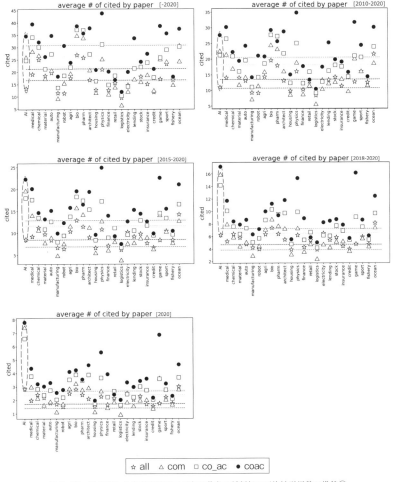

図 5-13 AI 分野とその他の分野で異なる著者の種類毎の平均被引用数の推移①

文,産学共著論文,両利き研究者を著者に含む論文の3つのカテゴリーに企業論文(著者所属組織に企業が含まれる論文:[com])を追加し,4つのカテゴリーとしている.

【他の分野と比較した場合の AI 論文の注目度の推移】

図 5-12 とともに4期間並べて表したのが図 5-13 である(横点線は全論文の平均被引用数を示す).この結果からは,近年になるほど AI 論文の平均被引用数,すなわち注目度は他分野と比較して高くなっていることが

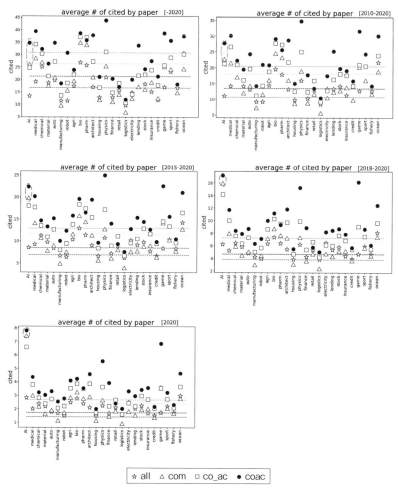

図 5-14 AI 分野とその他の分野で異なる著者の種類毎の平均被引用数の推移②

明らかである．

【他の分野と比較した場合の AI 論文における企業論文の意義】

　図 5-14 は図 5-13 と同じグラフだが，点線の囲い対象となる点を変えている．本分析で注目すべきは，企業論文の位置付けである．この結果からは，5 期間を通じて AI 分野において徐々に企業論文の平均被引用数（△）が両利き研究者を著者に含む論文の平均被引用数（●）に近付いている，つまり，AI 論文において企業の果たす役割が次第に大きくなって

きていると理解される．また，AI 分野の企業論文の平均被引用数が他の分野のそれと比較して差が徐々に開いていることは注目に値する．これは AI 分野における企業の研究が果たす役割が他分野と比べて格段に大きくなっていることを意味する．

5-4　結果（詳細分析）

5-4-1　単一組織
(1) 産学の単一組織の平均被引用数
　産学共著論文の著者所属組織の平均被引用数を算出した結果が図 5-15 である．平均被引用数を横棒グラフにして，ベスト 100 の単一組織を下から降順に列挙した．この場合，少数の論文のみで平均被引用数が高くなっているケースを除外するとともに，継続的に論文発表を行っている点も重視し，5 回の論文発表を足切りラインとしている．
　この結果からは，次のことが言える．
・質の高い論文は学術機関だけでなく企業からも（GAFAM 以外の新興企業も含め）多く発表されている．ベスト 10 に 5 企業，ベスト 30 に 13 企業が入っていると確認できる．
・国・地域別に見ていくと，日本の存在感が薄いことが分かる（東京大学さえベスト 100 に入っていない）．

【識別子の調整】
　最上位に IEEE, Insutrial Hybrid Vehicle, Inc., Ltd. が入っているが，これらは元データの表記揺れに対処するため，3.1 で行ったデータの微調整の結果，組織名が丸められて複数の組織が同一の語句で表現されているケースである．個別に見ていくと，Inc. は Google であることが多く，Ltd. は様々である．一方，IEEE, Insutrial Hybrid Vehicle は当初 France Telecom であることが多いと特定したが，具に見ていくと IEEE の会員やフェローである場合であることの方が多いと分かったため，5-4-2 以降は IEEE, Insutrial Hybrid Vehicle を IEEE と見做して（企業から外して）取り扱うこととした．それによる平均被引用数の変化の検証を

	All						**AI**			
	all	com	co_ac	coac			all	com	co_ac	coac
# of papers	74788191	3302648	1880385	443350		# of papers	609825	34567	24784	5754
average # of citations	16.67	20.98	25.99	29.43		average # of citations	13.35	25.11	23.33	29.70

	all	com	co_ac	coac			all	com	co_ac	coac
ratio to all	-	4.42%	2.51%	0.59%		ratio to all	-	5.67%	4.06%	0.94%
ratio to all	-	1.26	1.56	1.77		ratio to all	-	1.88	1.75	2.22

表 5-5　IEEE を企業リストから除いた後の論文数と平均被引用数

行った結果，数値に多少変化はあるものの傾向としては大きく変わらないことは確認済みである（表 5-5）．

(2) 産学の単一組織の連携頻度

　産学共著論文の著者所属組織の連携頻度を算出した結果が図 5-16 である．連携頻度を横棒グラフにして，ベスト 100 の単一組織を下から降順に列挙した．この場合，(1) 同様，少数の論文のみで平均被引用数が高くなっているケースを除外するとともに，継続的に論文発表を行っている点も重視し，5 回の論文発表を足切りラインとしている．

　また，共著者所属組織間の連携関係を単一組織どうしのネットワークと見做してネットワーク分析を行った結果が図 5-17 であり，連携頻度をネットワークの次数と見做して当該ネットワークの中心性分析を行った結果が図 5-18 である．

　この結果からは，次のことが言える．

・(1) と比べて学術機関が多くなるが，企業も GAFAM を中心に，また，新興企業も健闘している．

・北米・欧州が多い．アジアでは中国が目立つようになっている一方，日本の存在感は薄い（東京大学が唯一ベスト 100 に入っていて 38 位）．

・次数の大きな組織はより平均被引用数が高く（図 5-16 では横棒グラフが長く，図 5-17 では円が大きく），著者所属組織間ネットワークもべき則に従うスケールフリーネットワークになっていることが示唆される．

・東京大学は，固有ベクトル中心性は低いが，媒介中心性は高くなっている．これは東京大学を起点に連携が行われることが相対的に多いことを示唆している．

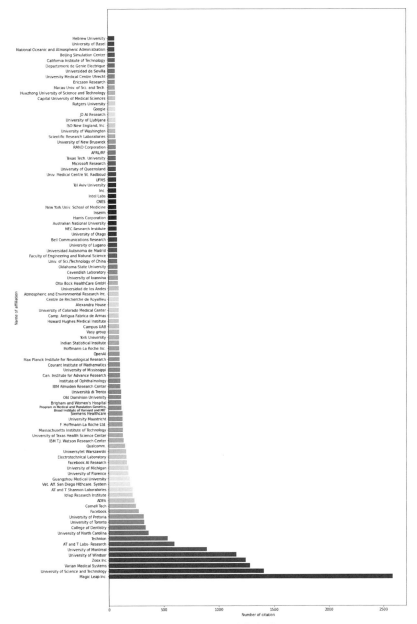

図 5-15　単一組織の平均被引用数

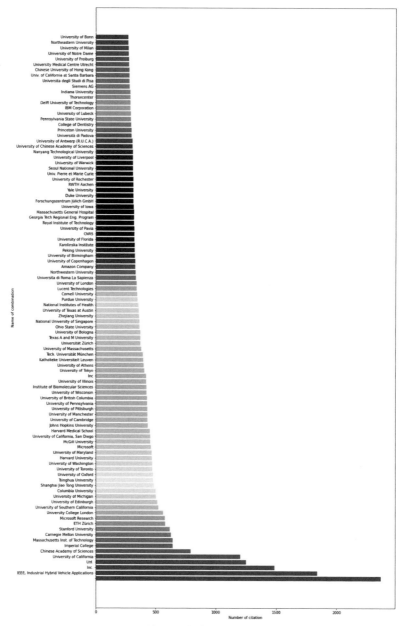

図 5-16 単一組織の連携頻度

第5章 AIの産学連携――『両利き研究者』の出現

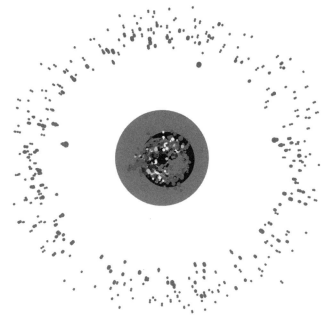

図 5-17 組織間ネットワーク分析（次数の大きい組織のノードは大きなサイズに）

	degree centrality	eigenvector centrality	pagerank	betweenness centrality	closeness centrality
	0.131	0.146	0.008	0.142	0.469
IEEE, Industrial Hybrid Vehicle Applications	0.102	0.081	0.008	0.131	0.456
Inc.	0.082	0.090	0.005	0.073	0.442
Ltd.	0.069	0.045	0.007	0.106	0.436
University of California	0.057	0.101	0.004	0.039	0.429
Chinese Academy of Sciences	0.044	0.065	0.003	0.034	0.419
Imperial College	0.035	0.082	0.002	0.011	0.400
Massachusetts Inst. of Technology	0.035	0.081	0.002	0.009	0.395
Carnegie Mellon University	0.035	0.080	0.002	0.010	0.404
Stanford University	0.034	0.069	0.002	0.011	0.404
ETH Zürich	0.032	0.102	0.001	0.007	0.393
Microsoft Research	0.032	0.055	0.002	0.015	0.411
University College London	0.031	0.100	0.001	0.007	0.395
University of Southern California	0.029	0.050	0.002	0.008	0.390
University of Edinburgh	0.029	0.102	0.001	0.005	0.395
University of Michigan	0.028	0.070	0.001	0.005	0.387
Columbia University	0.028	0.051	0.001	0.006	0.388
Shanghai Jiao Tong University	0.027	0.030	0.002	0.019	0.398
Tsinghua University	0.027	0.034	0.002	0.019	0.401
University of Oxford	0.027	0.074	0.001	0.006	0.397
University of Toronto	0.026	0.069	0.001	0.007	0.393
University of Washington	0.026	0.062	0.001	0.006	0.386
Harvard University	0.026	0.074	0.001	0.004	0.386
University of Maryland	0.026	0.050	0.001	0.008	0.392
Microsoft	0.026	0.047	0.002	0.010	0.402
McGill University	0.025	0.074	0.001	0.004	0.382
University of California, San Diego	0.025	0.073	0.001	0.004	0.392
Harvard Medical School	0.025	0.063	0.001	0.005	0.387
Johns Hopkins University	0.024	0.069	0.001	0.005	0.394
University of Cambridge	0.024	0.075	0.001	0.004	0.382
University of Manchester	0.024	0.069	0.001	0.005	0.388
University of Pittsburgh	0.024	0.067	0.001	0.004	0.388
University of Pennsylvania	0.024	0.074	0.001	0.005	0.391
University of British Columbia	0.024	0.071	0.001	0.005	0.394
University of Wisconsin	0.023	0.068	0.001	0.005	0.390
Institute of Biomolecular Sciences	0.023	0.072	0.001	0.005	0.387
University of Illinois	0.023	0.067	0.001	0.005	0.398
Inc	0.023	0.048	0.001	0.008	0.387
University of Tokyo	0.022	0.022	0.002	0.012	0.380
University of Athens	0.022	0.087	0.001	0.002	0.369
Katholieke Universiteit Leuven	0.022	0.070	0.001	0.005	0.385
Tech. Universität München	0.022	0.067	0.001	0.007	0.385
University of Massachusetts	0.021	0.061	0.001	0.004	0.383
Universität Zürich	0.021	0.084	0.001	0.002	0.369
Texas A and M University	0.021	0.055	0.001	0.006	0.378
University of Bologna	0.021	0.088	0.001	0.002	0.371
Ohio State University	0.020	0.065	0.001	0.004	0.378
National University of Singapore	0.020	0.037	0.001	0.007	0.390
Zhejiang University	0.020	0.020	0.002	0.015	0.386
University of Texas at Austin	0.020	0.045	0.001	0.005	0.381

図 5-18 単一組織の中心性分析

119

5-4-2 組織間連携（産学組合せ）

(1) 組織間連携（産学組合せ）の連携頻度

　産学共著論文の著者所属組織の産学組合せについて連携頻度を算出した結果が図 5-19 である．連携頻度を横棒グラフにして，ベスト 100 の組織間の組合せを下から降順に列挙した．産産連携，学学連携も組合せとしてはあるが，ここでは産学連携の組合せに限って表示することとした．なお，一論文のみで平均被引用数が高くなっているケースを除きつつ，継続的な組織連携が行われている点も重視し，組織間の同一組合せによる複数回の論文発表を条件として抽出している．

　この結果からは，次のことが言える．

・学術機関は北米の大学が上位に多い．University of California が最上位で，University of Chinese Academy of Sciences, Stanford University と続く．企業は巨大テック（GAFAM が中心）が目立つが，スタートアップも相当数確認できる．

・北米，欧州の産学連携が多いが，中国の産学連携も目立つ．中国の学術機関とは中国企業（例えば Baidu)）だけでなく米国企業（特に Microsoft）との連携も多い．

　また，産学連携の中で両利き研究者が所属する企業と学術機関の産学組合せのケース（黒く着色）を図 5-19 に重ねて表示すると，図 5-20 のように，ほぼ重なっていることが確認できる．

【両利き研究者の所属組織の組合せとほとんど重なっていることをどう解釈するか】

　産学連携は，あるきっかけ，例えば学会を通じて知遇を得た研究者間から共同研究に発展する，組織のトップどうしが合意して組織間の共同研究が開始される，あるいはより直接的に，大学発スタートアップを興した学生・教員が研究室と繋がっている，企業が大学の著名な教員を招聘するなど，様々な形態で起こりうる．このようなきっかけから始まって執筆に至る産学共著論文のうち，両利き研究者を著者に含む論文は約 1/4 の数を占める（表 5-5 参照）．論文データセットを用いて計算すると一論文当た

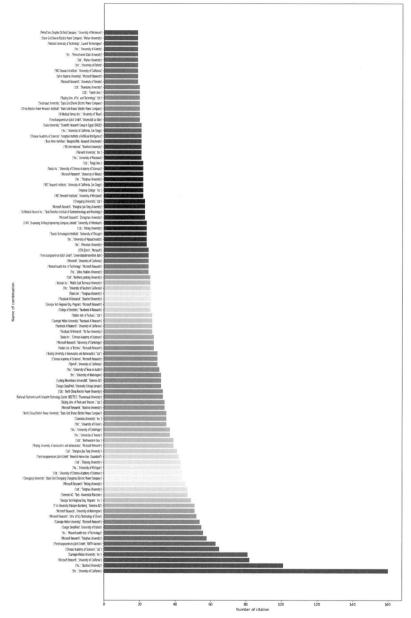

図 5-19 組織間連携（産学組合せ）の連携頻度

第5章 AIの産学連携——『両利き研究者』の出現

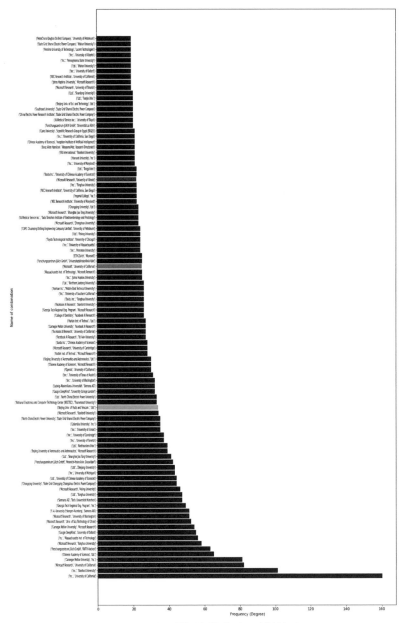

図 5-20 組織間連携（産学組合せ）の連携頻度（黒い部分は両利き研究者の所属組織の組合せがあるもの）

りの著者数は約 4 人（重複あり）であり，4 人のうち一人は両利き研究者を含む論文の著者と考えれば，「ほぼ重なっている」点は理解できる．

(2) 組織間連携（産学組合せ）の平均被引用数

産学共著論文の著者所属組織の産学組合せの平均被引用数を算出した結果が図 5-21 である．連携頻度を横棒グラフにして，ベスト 100 の組織間の組合せを下から降順に列挙した．産産連携，学学連携も組合せとしてはあるが，(1) 同様，ここでは産学連携の組合せに限って表示することとした．なお，一論文のみで平均被引用数が高くなっているケースを除きつつ，継続的な組織連携が行われている点も重視し，組織間の同一組合せによる複数回の論文発表を条件として抽出している．

この結果からは，次のことが言える．

・大学では University of Toronto, University of Montreal などが上位に現れ，北米勢が多い印象がある．ただ，北米に限らず，欧州を始め世界の方々の国が現れる．

・企業では Microsoft, Facebook, IBM, Google, Lucent Technologies（以前の社名である AT&T も）などが目立つが，新興企業も上位に出現している．日本では NEC Research Institute が多く，Mitsubushi Electric Res. Lab. も含まれ，中国では Baidu，欧州では Siemens, Nokia なども現れる．

・産学連携ではグローバルな連携が進展している状況も見られるが，そのような連携の平均被引用数が必ずしも高くなっているとは言えないように見受けられる．

また，産学連携の中で両利き研究者が所属する企業と学術機関の産学組合せのケース（黒く着色）を図 5-21 に重ねて表示すると，図 5-22 のように，32 の組織組合せが重なっていると確認できる．

この結果からは，次のことが言える．

・米国の大学の両利き研究者（特に 'University of California', 'Massachusettes Inst. of Technology' など）の幅広い活躍が目立つ．

・日本との関係では，NEC Research Institute に属する両利き研究者の

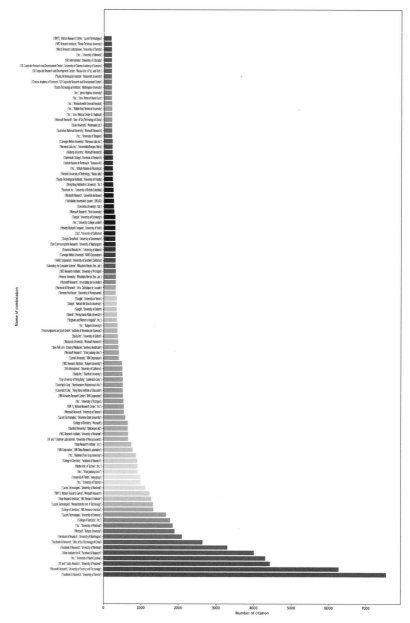

図 5-21 組織間連携（産学組合せ）の平均被引用数

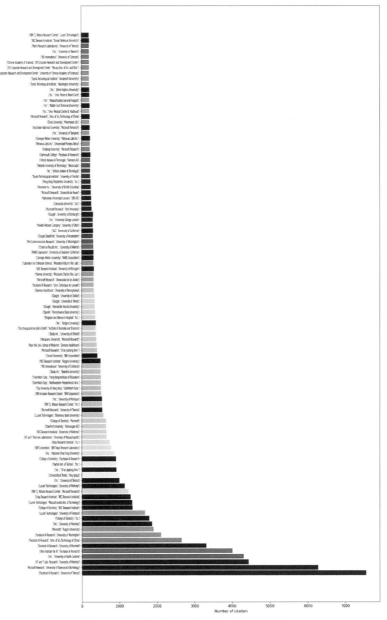

図 5-22　組織間連携（産学組合せ）の平均被引用数
(黒い部分は両利き研究者の所属組織の組合せがあるもの)

健闘が見られる.

・両利き研究者の所属（産学）の組合せによる産学連携が上位に多いことは確かだが，偶然そうなっている可能性もあり，本結果は両利き研究者の所属（産学）の組合せによる被引用数押上効果の根拠とは断定できない（以下，参照）.

【両利き研究者の所属組織の組合せは（1）ほど重なっていないことをどう解釈するか】

・両利き研究者を著者に含む論文数は，産学共著論文の約 1/4（AI 分野）を占めることは表 5-5 右のとおりである．両利き研究者を著者に含む論文数は，単純計算でトップ 100 に約 1/4 含まれることになるが，両利き研究者の所属の組合せがあるものは 3 割を超えている.

・両利き研究者を著者に含む論文には一人の両利き研究者だけではなく，複数の両利き研究者や両利き研究者以外の著者も含まれ得る．例えば，著者である両利き研究者 A, B 二人の所属がそれぞれ（Aa, Ab），（Ba, Bb）であった場合には，本コードによれば（Aa, Ab），（Ba, Bb）だけでなく（Aa, Bb），（Ba, Ab）の組合せも生じ得る.

・実際，平均被引用数が最上位の 'Facebook AI Research' と 'University of Toronto' の組合せを見ると，Lucun Y.A. と Hinton J. がそれぞれ所属する 'Facebook AI Research' と 'College of Dentistry'（New York University に相当）（22 番目）と 'Inc.'（Google に相当）と 'University of Toronto'（18 番目）の産学掛け合わせ（'Facebook AI Research' と 'University of Toronto'）となっていて，11 番目に両者の所属組織の学産掛け合わせ（'College of Dentistry' と 'Inc.'）が現れる．このことは，'Facebook AI Research' と 'University of Toronto'，'College of Dentistry' と 'Inc.' の組合せ先に所属する両利き研究者が実在することを意味する.

・このような共著者所属組織の産学掛け合わせの結果，低被引用の両利き研究者の所属組織の組合せが偶然存在することにより，上位にランクインする可能性もある．高被引用の両利き研究者の論文（例えば平均被引用数 100 以上）に限って再計算すると，実際にそうなっていることが確

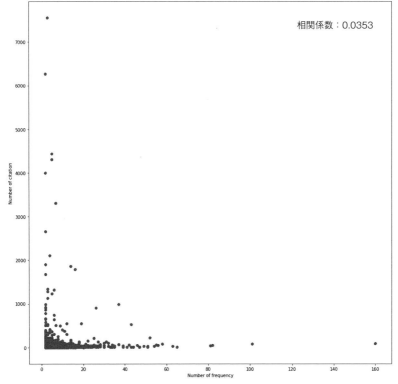

図5-23 連携頻度と平均被引用数の相関関係

認できる.

図5-23は組織間連携（産学組合せ）について（1）連携頻度と（2）平均被引用数との関係を組合せ毎にプロットしたグラフである．連携頻度が少ないがトップ論文を出している組合せが左上に，連携頻度は多いが平均を取ると被引用数が低い組合せが右下に位置する．相関係数は0.0353であり，連携頻度と平均被引用数の間にはほとんど相関はない．高被引用論文を多く出している組織も連携頻度が多くなると平均被引用数が低くなっていくこともある．つまり，質の高い論文を書くには研究テーマに沿った良きパートナーを見つけることが必要と示唆される．

5-5 考察

本分析を通じて，AI 分野の産学連携は従来型の産学連携とは様相が異なること，さらに言えば，AI 研究自体が産学連携のあり方に質的変化をもたらしていることが確認できた．つまり，AI 研究と産学連携との親和性が高いという分析結果になるが，これには両利き研究者の存在と企業，特に巨大テックの役割がその大きな要因になっていることも推定できた．これにより，最初に設定した第一のリサーチクエスチョンについて答えを導出できたことになる．

以下では，第二のリサーチクエスチョンのうち，5-5-1 では質的変化の内容について，5-5-2 では背景にある要因について見解を述べるとともに，5-5-3 では注目される連携の特徴について触れることとしたい．5-5-4 においては両利き研究者について定義を精緻化するなど考察を加えたい．

5-5-1 質的変化の内容

5.3 の分析結果を踏まえると，質的変化の内容について以下のように整理することができる．

①産学共著論文の平均被引用数は全体を上回り，産学連携は学術研究に多大な貢献をしている．中でも AI 分野においては，産学連携の学術研究に対する貢献が平均よりも大きいことが明らかになった．

②企業と学術機関の双方に所属する両利き研究者を著者に含む論文が増加傾向で推移し，そのような両利き研究者が著者となる論文の注目度は年を追って高まっている．中でも AI 分野の注目度が構造的に高くなっていることが明らかになった．

③近年は企業，特に巨大テックの AI 先端研究において果たす役割が大きくなっていることが確認された．これは AI 分野における産学共同研究は大学からの技術移転を通じて企業の研究力強化に繋がっていると解さ

れ，この点において，特に Prof. Hinton, Prof. Lecun を始めとする両利き研究者の果たす役割は大きくなっているのではないかと推定される．

5-5-2　背景にある要因

5-3 の分析結果を踏まえると，産学共著論文のうち両利き研究者を含む論文の被引用数・注目度が高まっている，また企業論文がそれに続く背景にある要因として，以下のような事項が考えられる．これらの事柄は AI と両利き研究者の親和性が構造的に高い要因とも言い換えることができる．

①技術移転コストの低減

教員が大学発ベンチャーを兼務する，大学等の研究者が直接企業に所属するなどにより，大学の技術を直接かつ接面広く企業に移転することができ，移転コストが低減される．

②融合が起こりやすいデジタル技術の性質（汎用性）

デジタル技術は技術そのものであると同時に，分野横断的な道具（ツール）としての性格が強く，あらゆる分野に普及し浸透する．つまり，デジタル技術には汎用性がある（汎用技術としての性質を有する）．このため，AI×○○のように，ものづくり分野など他分野においてデジタル技術の進展により研究が加速し，新しい商品・サービスが展開される期待感が存在し，デジタル研究者が技術移転に重用される．

③AI 技術のビジネス応用，大学等における研究進展の好循環

AI 技術の進展により得られた研究成果は，商用として即取り込みが可能になると期待されている．そこで得られた大量の実データや経験は，AI 研究をさらに進化させるという好循環が存在する．この場合，実用化までの時間が短い AI 技術の性質を踏まえ，産学共同研究に取り組むこと，特に AI 研究者を両利き研究者として取り込むことは，企業にとっては他社に先駆けて新規ビジネスに繋げられるメリットがある．一方，大学等に

とっては，企業の有する膨大な計算資源，多くの AI 研究者・エンジニア，大量のデータを活用して，更なる研究進展に繋げられるメリットがある．つまり，企業，大学等の双方にとって産学共同研究を強化するメリット・動機が存在する[(4)]．

④巨大テックの存在

両利き研究者の貢献もあり，AI 先端研究において民間企業，特に巨大テックの存在が大きくなっている．自然言語処理分野では，2017 年に Google の研究チームが中心となって発表された論文で注目された "Transformer" が，その後 "BERT"（Google），"GPT3"（OpenAI）など，人間の能力を超えたと言われる程の成果に繋がっている．他の分野でも，近年注目されている Google の "AlphaFold2" はタンパク質の構造解析に大きく貢献しているが，このような研究は本来大学の研究室で取り組む先端研究であったはずである．

5-5-3　注目される組織の特徴

5-4 の分析結果からは，注目される組織の特徴として以下のことが挙げられる．

・5-4-1 においては，単一組織の平均被引用数では企業が上位の半数近くを占める一方，連携頻度では学術機関が上位を占める．このことは企業が論文執筆に関わることによる平均被引用数の引き上げ効果があることを裏付けており，5-3-2 の分析結果とも一致する．
・5-4-2 からは，組織間連携，中でも産学組合せのうち連携頻度，平均被引用数の上位の組合せには両利き研究者の存在があることが一定程度確認できる．ただし，両利き研究者が著者として論文執筆に参加することによる量的な引上効果の存在は 5-4-2 の分析からは断定できない．

---

(4)　東京商工リサーチ，令和 4 年度産業技術調査事業大学発ベンチャーの実態等に関する調査（経済産業省委託調査、令和 5 年 6 月）(https://www.meti.go.jp/policy/innovation_corp/start-ups/reiwa4_vb_cyousakekka_houkokusyo.pdf)（2023 年 7 月 29 日アクセス）

・高被引用論文を多く出している組織も連携頻度が多くなると平均被引用数が低くなってくる傾向も見られるが，組織間連携における連携頻度と平均被引用数との相関はほとんどない．むしろ，質の良い論文執筆のためには，当該分野，研究テーマ上の良きパートナー（人・組織）を見つけることが重要と言える．

5-5-4　両利き研究者に関する考察

　ここでは，本論を通じて中心的な分析対象となっている両利き研究者について考察を加えたい．

　本研究では，大学等の学術機関と企業の両方に所属する研究者を『両利き研究者』と定義しているが，類型化すると2つに大別される．一つは大学発ベンチャーとして研究成果を事業化するに際し，技術顧問や取締役など当該ベンチャー企業に何らかの形で就任するケースであり，もう一つは，本分析において主に念頭に置いている巨大テック（GAFAM など）を始め大企業に研究者が所属するケースである．学生・院生がインターンで企業に身を置くようなケースもあるが，両利き研究者は学生でなく教員で，企業との雇用関係を有する場合を想定している（したがって，学生のインターン等は想定しない）．所属先との雇用形態としては，兼業，クロスアポイントメント，場合によってはサバティカルにおける一時的な雇用等も想定される．

　大学の研究者が研究成果を自ら事業化しようとしてベンチャーを設立することは既に一般的になっている．我が国では経済産業省が 2001 年に発表した「大学発ベンチャー 1000 社計画」も追い風となり，大学発ベンチャーはこれまで増加傾向で推移し，同省の調査によれば，2022 年度は 3782 社が大学発ベンチャーとして活動している．業種別に見ると，2000 年代はバイオ・ヘルスケア・医療機器の比率が最も高かったが，2022 年度の調査において初めて IT（アプリケーション，ソフトウェア）が最多となった．我が国の大学発ベンチャーは日本の得意とするものづくり系の比重が高かったが，2010 年代の第 3 次 AI ブームも手伝って，IT の比重が高まっていったと解される．

　一方，巨大テックを始め大企業に属する両利き研究者については，大企

業が求めているのは AI 研究者であり，期待しているのは AI 研究者が大学の研究成果を事業に適用することである．特に米国では AI 研究において巨大テックの果たす役割が大きく，大学の研究者にとっても研究環境としての魅力があることは既述のとおりだが，待遇面でも厚遇されていることは周知の事実である．これまで日本の大企業，特にものづくり企業ではハードに偏重し，ソフトが企業内で中心的役割を果たす位置付けとなることは稀有で，博士修了者を取り立てて厚遇することもなかった．一方で，AI 分野で高度な専門性が必要とされる場合には，即戦力となる博士修了者を特別なトラックを用意して専門職として処遇するようなケースも近年現れ始めている．労働市場が逼迫する AI 分野では，フルタイムではなくとも，大学等の研究者が部分的・一時的に企業に所属し，研究成果の社会還元の一環として事業化に寄与することは大いにあり得る選択肢である．

【学術界と産業界の労働移動と両利き研究者の関係】

　図 5-10 を見ると，両利き研究者を著者に含む論文数のシェアが 2018 年以降減少傾向となっている．これは分母の AI 論文の伸びが分子の両利き研究者を著者に含む論文の伸びを上回るためであり，近年は一時期に比べて伸びが減速していることは確かである．ここでは学術界と産業界の労働移動と両利き研究者の関係について考察を深めたい．

　仮に両利き研究者が減るとした場合に要因として考えられることの一つは，両利き研究者が企業に完全移籍するケースの増加又は両利き研究者を経ずに大学から企業に転職するケースの増加である．もう一つは，両利き研究者が企業を辞めて大学に戻る又は両利き研究者を経ずに企業から大学等に転職するケースの増加である．いずれも，両利き研究者というステータスにはならないため，両利き研究者数が減少する要因になる．

　前者（企業に移籍）については，基礎研究の成果を実装できる達成感や給与を含む待遇面の向上など企業に転職するインセンティブによるところが大きいと考えられる．学術界から産業界への労働移動がネットで増加傾向にあり（図 5-24），中でも上位校からの移籍が目立つようになっている（トップ 5 校は 2019 年に 25% がネットで移動）との分析がある（図 5-25）．

　後者（大学に移籍）については，大学での研究成果の実装後は企業に提

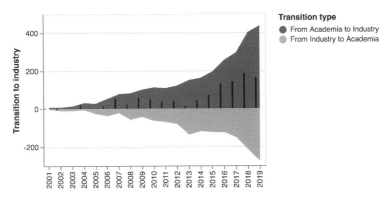

Figure 5: Researcher transitions between education and industry (blue area) and industry and education (orange area). Net flow in black bars.

図5-24 学術界と産業界の労働移動（第2章（29））

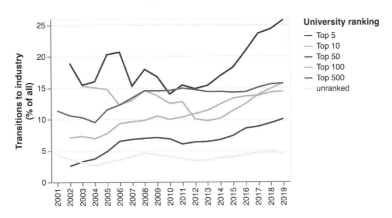

Figure 6: Share of all transitions from education to industry by year and position of university in Nature University ranking.

図5-25 トップ校から産業界への労働移動（第2章（29））

供する基礎研究の成果が不足する，研究成果の応用だけでは飽き足らなくなるなどの理由から，大学に戻って基礎研究に取り組むことが考えられる．図5-26は大学から企業への転職後に発表した論文の被引用数の変化を示す．企業に転職後一時的に増加するものの，その後は平均0.7%減少すると分析している．2023年5月にヒントン教授がGoogleを辞めたことが報道されたが，同教授の場合は，AIの危険性の側面をより自由に発信するためとされている．

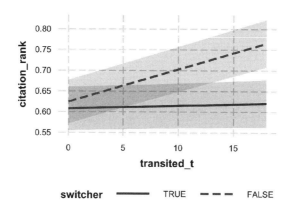

Figure 8: Interaction plot: Model (3), $switcher * transited_t$. Note this graph only depicts the over-time effect and not the constant effect of the $switcher * transited$ interaction term.

図 5-26　企業への転職後の論文の被引用数（第 2 章 (29)）

　本章の分析を踏まえると，産学連携の一形態・一手法として両利き研究者が AI 時代に適合していると言えることは確かであり，仮に減少に転じたとしてもその有効活用を検討する意義は変わらないと考えられる．両利き研究者の今後の動向を見極めるにはもう少し経年変化を追跡する必要があろう．

5-5-5　まとめ

　一般的に，産学共著論文は注目度が高い．基本的に相応に成熟した技術を使う段階なので注目度が高くなるとも言える．ただ，その中でも，この 10 年間，アカデミア（大学等）の研究者が企業にも所属するケースがトップ論文において増加傾向で推移し，そのような研究者である『両利き研究者』を著者に含む論文の注目度が高まっている．この場合の AI との親和性は注目に値する．

　ビジネスサイクルが加速し，技術移転，研究成果の社会実装の迅速化が求められる現在，『両利き研究者』への期待はより大きくなっていると考えられるが，この場合の巨大テックの果たす役割は少なくはない．今後の動向をより注視していく必要があろう．

第6章　分野間融合・組織間連携 ──自然言語処理を例に

> 本章では，最初に設定したリサーチ・クエスチョンのうち以下について答えを導くことができるよう分析を進めた．
>
> ・AI 先端研究において，分野間融合を含め，注目度が高いテーマや課題は何か．そのようなテーマや課題での組織間連携はどのような姿となっているか．

本章は，IEEE Transaction on Engineering Management（TEM）の掲載論文[1]における分析をベースとしている．

AI は着実に進化を遂げ，チェス，将棋，囲碁といったゲームにおいて世界トップのプレイヤーを破ることで，いわゆる『人間超え』を証明した．また，画像認識では，2015 年に発表された ResNet が人間を上回る精度を出し，自然言語処理では，2017 年に Google の研究チームが中心となって発表された論文で注目された "Transformer" を契機に様々な手法が考案され，人間の能力を超える成果に繋がっている．他の分野でも，近年注目されている Google の "AlphaFold2" はタンパク質の構造解析に大きく貢献している．

このように，AI 研究においては，その有効性から各方面で応用に向けた動きが加速し，その過程において分野間融合・組織間連携が進展している．

本章では，AI の中で近年注目を集めている自然言語処理（NLP）研究

---

(1)　T. Yamazaki and I. Sakata, "Exploration of Interdisciplinary Fusion and Interorganizational Collaboration With the Advancement of AI Research: A Case Study on Natural Language Processing," *IEEE Trans. Eng. Manag.*, vol. 71, pp. 9604–9617, 2023.

をケースとして，学術論文の引用・被引用関係についてネットワーク分析を行い，分野間融合を含むトピックと組織間連携の変遷を可視化した．そのための分析手順については，より具体的な答えを徐々に導き出せるよう，以下のように設定した．

1) イノベーションの最先端で何が起こっているか．特定の研究コミュニティにおけるキーワードは何か．
2) 研究の最先端では分野間融合を含めどのようなトピックがホットか．
3) そのような研究に取り組む主体はどのような組織又は組織間連携か．

これら 1)，2)，3) に沿って，俯瞰的な視点から次第に焦点を絞り込みつつ解像度を高め，研究現場で起こっていることが分かるように分析を行っていく．結果として，分析の手順は，マクロ的な知識構造の抽出，メソレベル（クラスター毎）の分析，それ以降はミクロな分析という 3 段階となっている．

本研究では，AI のうち NLP をケースとして取り上げてその先端研究動向の分析を実施するとともに，どのような課題が NLP 研究においてホットか，どのような分野が NLP の応用（融合）対象として注目されているか，NLP 研究に取り組む有望な組織間連携はどのようになっているかについて分析を行った．

6-1 手法

時系列でのクラスタリングにより論文引用ネットワークにおけるコミュニティ形成過程を描出した．この場合，共著者の所属組織間の組合せ関係によるネットワーククラスタリングと論文の引用・被引用関係によるネットワーククラスタリングのどちらを基本とするかが最初の大きな選択となる．ここでは論文に紐付けた方が研究の発展性が見込めそうなため，論文の引用・被引用関係によるネットワーククラスタリングにより分析を進めることとした．

本分析においてはコミュニテイ毎にトピックの変遷を可視化するととも
に，注目度の高い論文，すなわち高被引用論文のタイトル及び著者所属組
織とその組合せの変遷も併せて可視化した．各々の具体的な手順について
は，以下のとおりである．

6-1-1　コミュニティ形成と『トピック変遷』の可視化

それぞれのコミュニティにおいてどのようなトピックが注目を集めてい
るかを把握できるよう，年毎にクラスタリングを行い，各コミュニティに
おいて頻出するキーワードを抽出した．また，クラスタリング手法として，
第4章と同様に，モジュラリティを最適化する最貧法を選択した．

【取組手順】
① 　検索語の設定
② 　ストップワードの設定
③ 　論文の引用・被引用関係からグラフ作成
④ 　ネットワーククラスタリングによるコミュニティ抽出（最貧法）
⑤ 　年毎，コミュニティ毎にトピック抽出
⑥ 　年毎，コミュニティ毎に発表論文の特定，論文発表件数・平均被引
　　用数及び共著論文のタイトル，著者所属組織・組合せの算定
⑦ 　⑤，⑥の関係付けにより，どの組織・組合せがどのトピックに注力
　　しているかを把握

コミュニティ毎にトピックの変遷を可視化するため，単語の重要度に応
じて文字サイズを変えてワードクラウドで表現した．一つは，単語の出現
回数に応じてフォントの大きさを変更して表現した．もう一つは，文脈上
の単語の重要度も考慮するLDA分析により表現した（トピックは2つ設定
し，1つ目のトピックをピックアップした）．結果として，第4章と同様，
前者によれば網羅的に各コミュニティにおける重要語の把握が可能となる
一方，後者によれば強弱のある形で重要語の把握が可能となることが確認
された．

6-1-2　コミュニティ形成と『論文タイトル変遷』の可視化

　それぞれのコミュニティにおいてどのような論文が注目を集めているかを把握できるよう，6-1-1 で特定された所属コミュニティに関する情報を付して，年毎に被引用数の高い順から上位 30 の論文タイトルをリストアップした．

6-1-3　コミュニティ形成と『著者所属組織変遷』の可視化

　それぞれのコミュニティにおいて注目を集めている論文の著者所属組織がどのように変遷しているかを把握できるよう，6-1-1 で特定された所属コミュニティに関する情報を付して，年毎に各コミュニティにおいて被引用数の高い論文の著者所属組織上位 30 をリストアップした．

　著者所属組織としては，どの組織間連携が効果的か把握可能とするため，単一組織だけでなく共著者の所属組織組合せも分析対象とした．

6-2　結果

　本分析の結果，トピックやタイトルとともに，どの組織の NLP 研究の注目度が高いかが年毎に一目で分かるようになった．特に，AI 先端研究におけるホットトピックの中から注目度の高い技術融合を検知することができるようになり，また，国を跨いだ産学連携を含め，注目度の高い組織組合せを把握できるようになっている．一方，年に一度だけでも共著として発表した論文を含めると，偶然共著となった組織組合せを取り上げる可能性もあり，継続的な組織間連携による研究力を表現できない可能性がある．そこで，本分析においては，分析対象を組織組合せによる共著論文のうちある年に複数回発表されたものに限定することとした．具体的な分析結果を以下に示す．

6-2-1　コミュニティ形成と『トピック変遷』の可視化

　論文数，引用数が多いとノード数・エッジ数が膨大になり，ネットワーク全体の繋がりを描出してもその傾向を捉えにくい．そこで，ネットワーク全体をクラスタリングした後に上位 5 つのコミュニティのみ抽出，描

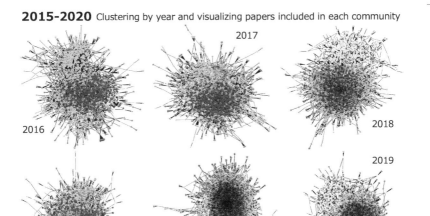

図6-1 各年のクラスタリングと各コミュニティに含まれる論文の可視化

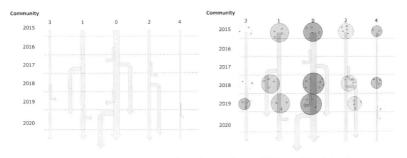

図6-2 新しい技術が生起・分岐し（左），トピックが発展する（右）イメージ

出することとし，それぞれ着色してグラフ化（①赤，②青，③緑，④黄，⑤橙）した．

図6-1はネットワーククラスタリングにより特定されたコミュニティの2015年から2020年までの6年間の変遷を示す．大きな傾向としては，赤で表現されるエッジが年を経るに従って凝集し，2020年には黒くなるほどになっていることが確認できる．これは大きなコミュニティでの研究活動がより活発になっていく様子を表現している．

図6-2左は新技術が生起・分岐するイメージ，図6-2右は新技術が生起・分岐する中でトピックが発展していくイメージを表す．

このようなコミュニティの実態・動向をより詳らかにするため，まず頻出語句に基づくトピック分析を行った．年毎に5つのコミュニティそれぞれに属する論文群の概要の重要語をワードクラウドで表現した（①単語の出現回数，②LDA分析の二通り）．

図6-2（右）のイメージを念頭に，クラスタリング後のコミュニティ毎にトピック分析を行った結果が図6-3，図6-4である．ここからは，コミュニティにおけるホットトピックとその変遷，コミュニティ間の特徴の違いから，イノベーションの動向を俯瞰することができる．図6-4を参考に，図6-3の研究コミュニティを代表するキーワードをいくつか選定し，0から4までのコミュニティの矩形と同じ色で，矩形の周りにいくつかの語句を配置した．これにより，各コミュニティにおいてどのトピックがホットで，それがどのように発展しているか容易に把握できるようになる．

トピック変遷の可視化により分かったことは，具体的には以下のとおりである．ここでは特に，医療・ヘルスケアとAI/NLPの分野間融合の兆候を示す3点目を強調したい．

【トピック変遷の可視化により分かったこと】
・5年間のコミュニティのトピックと各年のコミュニティの差分や毎年のコミュニティの推移を観察することで，イノベーションの動向を概観できる．
・コミュニティ0に見られるように，自然言語処理モデルは全体としてsemantic data, model, sentiment analysis というキーワードで表現されるトピックの研究が進展し，論文発表も盛んに行われるようになっている．
・コミュニティ1は clinical, health, medical というキーワードで表現されるトピックの研究に注力する医療関係のコミュニティと特定される．2020年にはコミュニティ2の sentiment analysis というキーワードが clinical, health, medical というキーワードで代表されるコミュニティ1と融合している．同時に，drug, biomedical, chemical というキーワードに代表されるコミュニティ3が形成されているが，これは

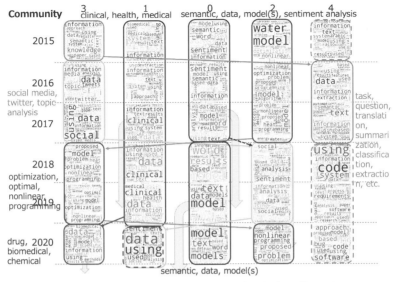

図 6-3　ワードクラウドで表現したトピックの進化（単語出現回数による）

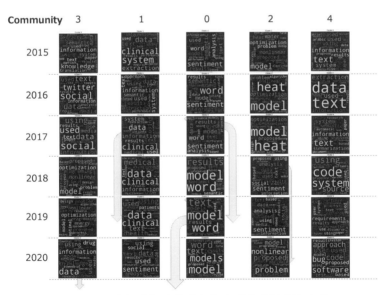

図 6-4　ワードクラウドで表現したトピックの進化（LDA 分析による）

コミュニティ1から一部分離したものと解される.

・ある技術課題に研究者が集って研究に取り組む中で, 勢いのあるトピックのコミュニティが上位になることもある. 2017年から2018年にかけて social media, twitter というキーワードに代表されるコミュニティ3のトピックはコミュニティ2に移行している. この過程で, コミュニティ2ではコミュニティ0の sentiment analysis というキーワードが一部融合している.

・一方で下位に移行するコミュニティもある. 2015年にコミュニティ3にある task, question, translation というキーワードで表現されるトピックが2016年にコミュニティ4に移行している. このコミュニティでは年にもよるが, 主なタスクが translation, summarization, classification 等の研究に取り組まれていると確認できる.

・下位になるほど, 特にコミュニティ4ではトピックのキーワードの入れ替わりが目立つようになる. これは様々なタスクに取り組む研究がそれぞれ活性化していることの証左とも言える.

6-2-2 コミュニティ形成と『論文タイトル変遷』の可視化

図6-5〜図6-10のとおり, 2015年から2020年まで年毎に横棒グラフにおいて被引用数の高いものから降順に上位30の論文をリストアップし, 上位5つのコミュニティに属する論文のグラフに着色した（濃から薄くなる）. なお, タイトルが100字を超えるものは 'Title #'（# は順番に振られた番号）とし, 付録5に含めている.

論文タイトル変遷の可視化により分かったことは, 具体的には以下のとおりである. ここでは特に, 医療・ヘルスケアと AI/NLP の分野間融合の兆しを示す3-5点目を強調したい.

【論文タイトル変遷の可視化により分かったこと】
・どの年においても最上位のコミュニティに属する論文（濃）が上位30位の大多数を占める.
・一方, 最上位を除くトピックのコミュニティに属する論文（濃薄）には年によって偏りがあり, 必ずしもより上位のコミュニティに属する論文が

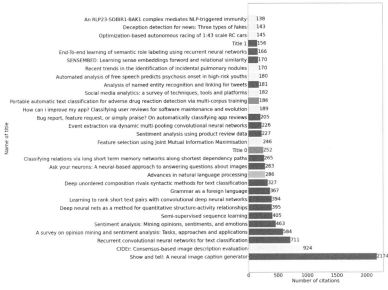

図 6-5 引用数上位 30 位の論文タイトル (2015)

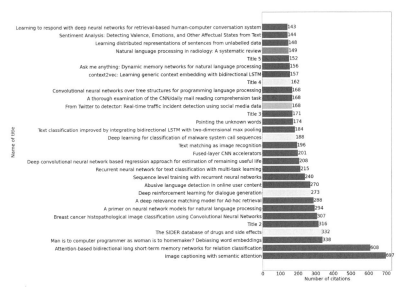

図 6-6 引用数上位 30 位の論文タイトル (2016)

第 6 章 分野間融合・組織間連携——自然言語処理を例に

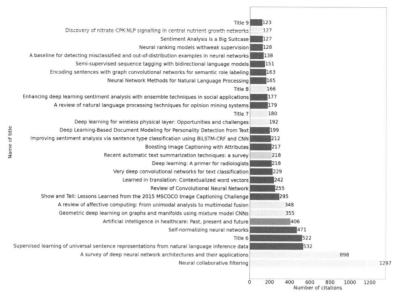

図 6-7 引用数上位 30 位の論文タイトル (2017)

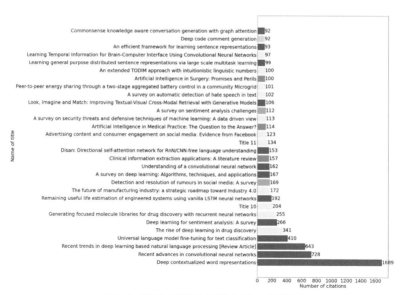

図 6-8 引用数上位 30 位の論文タイトル (2018)

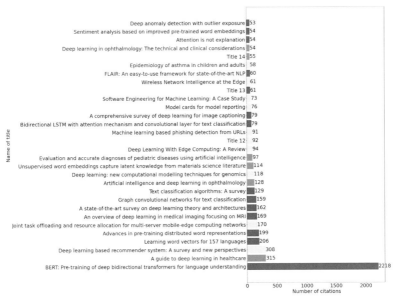

図 6-9　引用数上位 30 位の論文タイトル（2019）

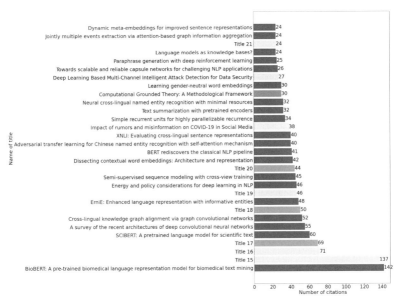

図 6-10　引用数上位 30 位の論文タイトル（2020）

上位 30 位内にいるとは限らない（第二位のコミュニティ（2 番目に濃い）以外の論文（薄）が上位に来ることもある）.

・年を追って見ていくと, 2015 年の上位論文には caption generator, text classification, opinion mining, answering questions, event extraction, information retrieval といったタスクに関するタイトルが目立つ. 中でも text classification を含むタイトルが 3 件見られる. pharmacovigilance, adverse drug reaction detection といった医療応用の論文も含まれる.

・2016 年には breast cancer[2], 2017 年には x-ray[3] がタイトルに現れる. 2018 年には drug discovery が 2 件上位のタイトルに現れ, 医療関連の論文が計 5 件確認される. 2019 年には healthcare, medical imaging, genomics, disease など医療関連用語をタイトルに含む論文が散見される. トップ 30 に医療関連の論文が 8 本掲載されており, 特に医療分野への NLP の応用の拡がりが確認できる.

・トップ 30 に含まれる医療関連の論文数は, 2015 年：1 件, 2016 年：3 件, 2017 年：3 件, 2018 年：5 件, 2019 年：8 件と増加傾向で推移している.

・2019 年には BERT に関する論文が最上位で被引用数も一桁違いとなっている[4]. 2020 年には BioBERT[5], SCIBERT[6] と NLP の進化を表す単語

---

(2) F. A. Spanhol, L. S. Oliveira, C. Petitjean, and L. Heutte, "Breast cancer histopathological image classification using Convolutional Neural Networks," in *2016 IEEE IJCNN*, Vancouver, Canada, Jul. 2017, pp; 2560–2567.

(3) X. Wang, Y. Peng, L. Lu, Z. Lu, M. Bagheri, and R. M. Summers, "ChestX-ray8: Hospital-scale Chest X-ray Database and Benchmarks on Weakly-Supervised Classification and Localization of Common Thorax Diseases," in *IEEE CVPR 2017*, HI, USA, Jul. 2017, pp. 3462–3471.

(4) J. Devlin, M-W Chang, K. Lee, and K. Toutanova, "BERT: Pre-training of Deep Bidirectional Transformers for Language Understanding," in *NAACL HLT 2019*, MN, USA, Jun. 2019, pp. 4171–4186.

(5) J. Lee, W. Yoon, S. Kim, D. Kim, S. Kim, C. H. So, and J. Kang, "BioBERT: a pre-trained biomedical language representation model for biomedical text mining," *Bioinformatics*, vol. 36, no. 4, pp. 1234–1240, 2020.

が上位に目立つようになる.

6-2-3 コミュニティ形成と『著者所属組織変遷』の可視化

図 6-11〜図 6-22 のとおり,2015 年から 2020 年まで年毎に横棒グラフにおいて,発表件数(左)と被引用数(右)を付して,被引用数の多いものから降順に上位 30 の論文をリストアップし,上位 5 つのコミュニティに属する論文のグラフに着色した(濃から薄くなる).

単一の著者所属組織,共著者所属組織組合せのそれぞれについて,年毎に横棒グラフを作成した.それぞれ図 6-11〜図 6-16,図 6-17〜図 6-22 に示す.

ここでは,企業と特定される組織名は薄色でハイライトした.なお,5-4-1 で述べたとおり,グラフで 'Inc.' と記されている企業は元データを辿ると Google であることが多く,ここでもそのように解釈して差し支えない.また,所属のデータが欠落している場合,データセットには空白の "が表示される.空白の "は同じ組織の可能性もあるので,図 6-17〜図 6-22 では "をそのまま残している.

【著者所属組織変遷の可視化により分かったこと】
・学術機関だけでなく企業(巨大テック,スタートアップ)も上位に相当数位置付けられている.単一組織については,所属が企業の著者を含む論文は全体で 4.4%(=3,302,648/74,788,191)だが,6 年間の上位 30 論文に占める所属が企業の著者を含む論文は 15.0%(=27/180)ある.組織組合せについては,産学共著論文は全体で 2.5%(=1,880,385/74,788,191)だが,6 年間の上位 30 論文に占める産学共著論文は 15.6%(=28/180)ある.
・トロント大学,MIT など何度も上位に現れる大学がある一方,Allen Institute for Artificial Intelligence も頻繁に上位に名を連ねる.企業では Microsoft, Facebook, IBM, Google, Amazon, Adobe などが目

---

(6) I. Beltagy, K. Lo, and A. Cohan, "SCIBERT: A Pretrained Language Model for Scientific Text," in *EMNLP-IJCNLP 2019*, Hong Kong, Hong Kong, Nov. 2019, pp. 3615–3620.

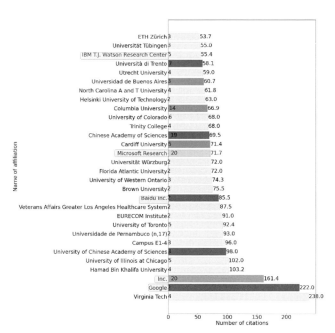

図 6-11　平均引用数上位 30 位の著者所属組織（2015）

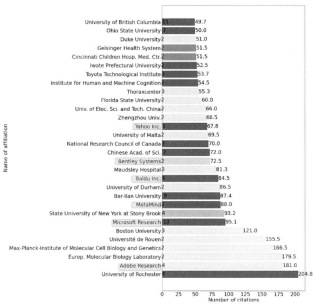

図 6-12　平均引用数上位 30 位の著者所属組織（2016）

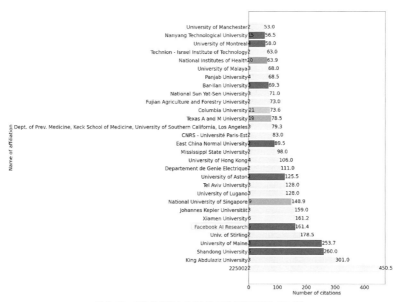

図 6-13　平均引用数上位 30 位の著者所属組織（2017）

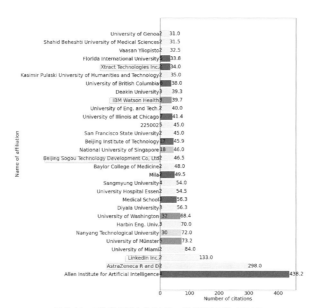

図 6-14　平均引用数上位 30 位の著者所属組織（2018）

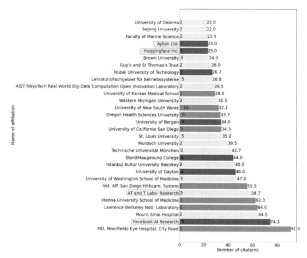

図 6-15　平均引用数上位 30 位の著者所属組織 (2019)

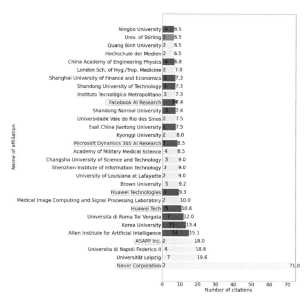

図 6-16　平均引用数上位 30 位の著者所属組織 (2020)

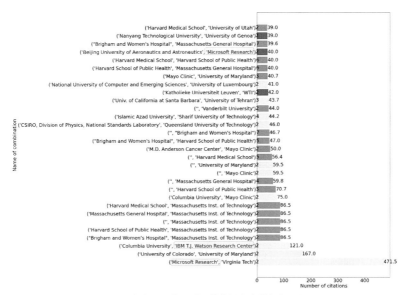

図 6-17　平均引用数上位 30 位の共著者所属組織組合せ（2015）

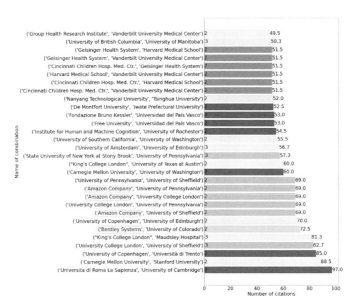

図 6-18　平均引用数上位 30 位の共著者所属組織組合せ（2016）

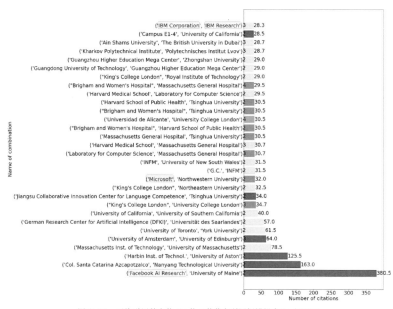

図 6-19　平均引用数上位 30 位の共著者所属組織組合せ（2017）

図 6-20　平均引用数上位 30 位の共著者所属組織組合せ（2018）

152

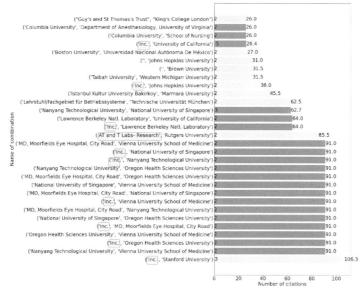

図 6-21 平均引用数上位 30 位の共著者所属組織組合せ（2019）

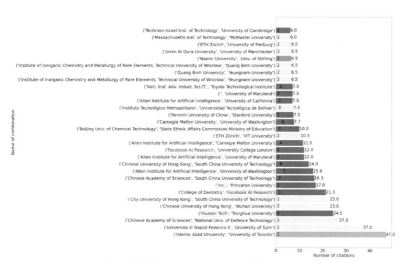

図 6-22 平均引用数上位 30 位の共著者所属組織組合せ（2020）

立つが，新興企業も上位に出現するようになっている．

・欧米に限らず，世界の方々の国が上位に現れるようになっている．アジア諸国，中でも大学だけでなく企業の活躍も目立つようになっている．特に中国では，Baidu, Alibaba, Huawei など．韓国の Naver Corporation が 2020 年に出現している．

・欧米の学術機関でシーズが生起，派生し，企業，特に巨大テックにおいて実際に使えるように実装されてきたと解される．そこに，アジア諸国の学術機関・企業も参加して，競争が活性化し，技術がダイナミックに拡大していると解釈される（そうでないケースもある）．

・組織組合せでは，各国・地域に閉じた大学間・産学間の連携が多いが，産学間の連携ではグローバルな連携も進展しているように見受けられる．また，単独で頻繁に上位に現れる組織どうしの組合せも上位に現れることが多いことが確認できる．

・病院との連携も 2020 年を除き毎年上位に入っている．自然言語処理モデルの発展とともに，医療分野を始めとして，その研究成果の他分野への普及・融合も進んでいると推測される．

・2018 年には AstraZeneca, Phillips など製薬・医療関連企業が上位 30 位に入っていて，注目度が高くなってきていることが分かる．医療分野では創薬において活用されるなど，産業応用も進展していると見受けられる．

(年毎の各コミュニティにおける高被引用共著者所属組織組合せ)

　ここでは深入りを避けるが，年毎の各コミュニティにおける高被引用共著者所属組織組合せも横棒グラフにして，可視化することができる（付録6 に例示）．そうすることで，特定の最先端のトピックに取り組む注目度が高い研究グループを詳細に把握することが可能となる．

6-3　考察

　トピック分析を進める中で，単一技術だけでなく技術融合（分野間融合）についても研究コミュニティが形成され，それが発展している様子を確認

することができた．今回のケースでは，上位５つのコミュニティを見る限り，NLP が医療と融合し，研究が進展している様子が明らかになった．

　また，平均被引用数の高い組織組合せをリストアップすることで，各研究コミュニティにおいて有望な組織間連携を特定できることが確認された．今回のケースでは，産学連携が大きなプレゼンスを示しており，企業の中でも巨大テックが重要な役割を果たしていることが明らかになった．

　以下では分析結果について，最初に設定した問いに沿って考察を行う．6-3-1 では第一のリサーチ・クエスチョンについて，6-3-2 では第二のリサーチ・クエスチョンについて，6-3-3 ではこれまでの議論を踏まえ分野間融合と組織間連携の関わり方について，それぞれ見解を示す．6-3-4 では発展課題（（1）投稿先による傾向の相違，（2）識別子の特定方法，（3）ディマンドサイドの課題設定によるアプローチ）について考察する．

6-3-1　注目のトピック，分野間融合

　研究が進展すれば新しい技術用語が生まれ，その用語がホットトピックを示すキーワードとして当該分野で一般的に使用されるようになり，その用語を中心とした研究コミュニティが形成される．本研究において，引用・被引用関係に基づくネットワークのクラスタリングによりコミュニティ毎のトピック分析を実施することで，キーワードをある程度特定できるだけでなく，研究動向も推定できることが示された．

　具体的には，自然言語処理を検索語として論文抽出しクラスタリングすると，ある研究コミュニティにおいては，情報抽出，文書分類，機械翻訳，要約，キャプショニングなどのキーワードが検出されるとともに，年毎にクラスタリングを実施することでホットな研究課題の変遷の様子も確認できた．また，ホットな研究課題がいかにダイナミックに変遷しているか確認できた．

　一方，トピック分析を行う中で，NLP との融合対象として，医療分野が注目されていることは本論において示したとおりである．

　被引用数上位の論文タイトルの変遷からは，近年は医用画像，ドラッグ・ディスカバリーなど，年を追うごとに NLP と医療の技術融合が目立

つようになっており，上位論文に占める融合論文の発表数も増えている．また，具体的に見ていくと，論文発表が当初は AI の国際学会やジャーナルであったのが，医療の国際学会やジャーナルに場を移すようになっている．このことは次第に NLP が医療の実用に資するようになってきていることの証左と解される．

　分野間融合の検索手法としては，第 4 章において示したように，医療と AI をキーワードと予め設定して技術融合論文を検索することは可能である．一方で，本章の分析のように，予め検索語として医療を特定せずとも，トピックの変遷やコミュニティへの参加組織を見ることで AI が医療にいち早く浸透し，技術が医療現場にも有効活用されようとしていると把握できることも明らかになった．

　ここでは，分析の過程を通じて，研究の先端で何が起こっているか知るには当該分野においてキーワードとなる専門用語をある程度知っておく必要があり，これは当該分野に深く入っていかないと分からないことがあることも明白になった．学術界では当然のことではあるが，分野を特定して当該分野の論文を読み込む，学会に参加して最新動向を把握するなど，知識構造の体系的理解のためには一線を越える努力が必要になる．

6-3-2　注目の組織間連携

　本研究で示されたとおり，研究コミュニティが特定されれば，そのコミュニティに属する高被引用論文の著者所属組織又は組織組合せを容易に特定することは可能である．被引用数が高い連携論文の共著者所属組織の組合せを有望な組織間連携と見做すことができる．

　組織としては，大学ではトロント大学，MIT 等が何度も上位に現れる一方で，企業では Microsoft, Google, Facebook 等の巨大テックが大きな役割を演じていることが確認された．また，組織組合せでは，各国・地域に閉じた大学間・産学間の連携が多いが，産学間の連携ではグローバルな連携も進展していることが確認できた．

　組織間連携のきっかけはケース・バイ・ケースである．組織間連携は，

主に研究課題の近さに起因する学会コミュニティを始め研究者間の繋がりを基に行われるが（例. Hinton, LeCun, Bengio），物理的近接性は連携しやすさの一因である（例. Washington University, Microsoft と Alan Institute for Artificial Intelligence；Harvard University, MIT と近接病院）[7]．企業の研究拠点がグローバル展開している場合には，その国において産学連携が行われ，結果として，グローバルな産学連携となっている（例. 北京大学と Microsoft）．また，『両利き研究者』による産学接近・産学連携もAI研究の特徴の一つである[8]．連携頻度（横棒グラフ上の左の数値）を見ると，組織間連携がより継続的になっているケースでは，連携のきっかけが上述のようになっている傾向があると推察される．

　本分析における示唆の一つは，学術機関の研究成果は産業応用されて技術が移転されるという方向感が一般認識だが，AI技術は産学連携において両利き研究者が起点になるなど双方向の技術移転が観察されることである．この場合，企業で開発した成果であっても学術研究において活用され，新たな学術領域の創成に繋がるし，もちろん産業にも応用され，新たな事業領域・産業分野を創出する．このような知識伝播の結果として，技術融合の対象分野の拡がり，分野間融合における多様性が現れてくるものと解される．

6-3-3　分野間融合と組織間連携の関わり方

　ここでは，自然言語処理と医療分野との分野間融合と組織間連携の関わり方について，別の事例も引用しつつ考察を深めたい．

　既述のとおり，大学と他の大学や研究機関はもちろんのこと，病院，製薬・医療関連企業との連携により，AI/NLP技術が医療分野に普及し，分

---

(7)　D. Doloreux and E. Turkina, "Intermediaries in regional innovation systems: An historical event-based analysis applied to AI industry in Montreal," *Technol. Soc.*, vol. 72, Feb. 2023, Art. no. 102192.

(8)　T. Yamazaki and I. Sakata, "Big data analysis reveals an emerging change in academia-industry collaborations in the era of digital convergence," in *IEEE BigData 2022*, Osaka, Japan, Dec. 2022, pp. 6091–6100.

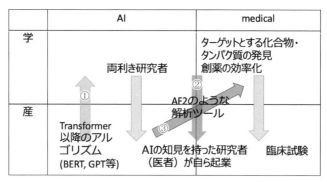

図6-23　産学連携による分野間の越境イメージ—medical×AIの例—

野間融合が進展していると推測される.

　クラスタリング後の5つのコミュニティを見て言えることは，医療関連以外の分野が目立たないことであり，逆に言えば，自然言語処理の研究において分野融合の筆頭に医療が挙がることである．複雑な生命現象は人間の理解では限界があり，その解明に向けたAI/NLPへの高い期待とそれが生み出し得る潜在的な付加価値が大きいことが背景にあるからと考えられる.

　医療とAIの別の融合事例，Google傘下のDeepMindが開発した"AlphaFold2 (AF2)"を見ても，AI先端研究は学から産への一方向の知識移動でなく，産から学に研究成果が活用されるという，産学連携の形態が従来型とは異なる双方向性が特徴となっている．つまり，AI研究では産業界が他分野の学術界と連携し，巨大テックを始め企業，産業界が学術研究の加速に貢献し得る.

　技術や知識の移転の方向性を表現したのが図6-23である．自然言語処理ではGoogleによる"Transformer"を契機に様々な手法（BERT, GPT等）が考案され，これがAIの学術研究に使われる（図6-23①矢印）．また，内視鏡の専門医がAIの知見を得て，画像診断にAIを適用した内視鏡を開発し，起業の上医療機関に提供し得る（図6-23②矢印）．さらに，DeepMindが開発したAF2は医療分野，産業界だけでなく学術界に対してもタンパク質立体構造解析のためのツールを提供する（図6-23③矢印）．実際，DeepMindはHarvard Medical SchoolやKarolinska Institutetなどと医療関連研究において共著論文を発表している.

以上のとおり，産学連携の双方向性と AI の技術融合対象分野の多様性を重ねると，AI 分野では全体としては多様な方向感で技術移転が起こっていることが分かる．このことは，AI 研究においては，いわば分野間融合と組織間連携の持つ特徴を重ね合わせた効果が現れていると解釈することもできる．

　本分析において，分野間融合と組織間連携を二軸としたフレームワークの適用により，AI/NLP と医療の分野間・組織間の越境を例として，知識移動の多様な方向感を顕在化させ，客観的に観測できることを実証した．これは分野間融合と組織間連携のどちらかでなく，両方を同時に観察・分析する必要があることを意味する．本フレームワーク（『技術移転マトリックス』）はイノベーション分析における考察の基礎的枠組として広く活用し得るものと考えられる．

（主体間融合と学際（医療＊AI）の進展事例）
・分野間融合と言っても，高度な専門性が混じり合う機会・手段がないと融合が進まない．一人では限界があるので，チームを組むことで解決に向かうことが多い．
・AF2 で活用される DCA（Direct Coupling Analysis）を深層学習により高度化させたアルゴリズムである "Evoformer" は，生物学，化学，物理学，機械学習などが専門の 20 人以上の AF2 開発チームによって考案された．
・1994 年以降 2 年おきに開催されているタンパク質構造予測精密評価（CASP）コンテストの第 14 回（2020 年 11 月）において，DeepMind社が AF2 を使って 88% の予測精度を達成している[9]．

6-3-4　発展課題

（1）投稿先による傾向の相違
　論文の投稿先により融合を含め傾向が変わる可能性がある．ここでは，

---

(9)　森脇由隆．世界最強のタンパク質構造予測ソフトウェア AlphaFold2 ―その登場が科学に与えたインパクトと原理・応用―．化学，vol.77, pp. 23–27，化学同人，2022．

【all】

all	all	com	co_ac	coac
# of publication	74788191	3302648	1880385	443350
# of citation	16.67	20.98	25.99	29.43

AI	all	com	co_ac	coac
# of publication	836347	48431	34748	8031
# of citation	13.08	24.41	22.85	26.37

NLP	all	com	co_ac	coac
# of publication	49425	2869	2021	378
# of citation	11.28	22.19	21.69	27.03

【cp】

all	all	com	co_ac	coac
# of publication	10543346	937274	425230	63624
# of citation	6.00	6.99	8.60	10.10

AI	all	com	co_ac	coac
# of publication	405841	27658	17991	3641
# of citation	7.73	20.47	17.39	21.34

NLP	all	com	co_ac	coac
# of publication	27071	1737	1135	200
# of citation	7.51	18.18	15.87	11.84

【ar】

all	all	com	co_ac	coac
# of publication	52723666	2098015	1334390	348067
# of citation	19.60	27.35	31.28	32.70

AI	all	com	co_ac	coac
# of publication	372946	18835	15394	3988
# of citation	18.82	29.38	27.95	25.81

NLP	all	com	co_ac	coac
# of publication	19136	995	788	158
# of citation	16.65	30.38	31.09	48.06

注）カンファレンスペーパー：cp，アーティクル：ar（Scopus の文書分類による）

表 6-1　投稿先による傾向の相違

投稿先がカンファレンス・ペーパーかジャーナル（アーティクル）かによってどのように傾向が相違するか考察を加える．

　表 6-1 は全論文からカンファレンス・ペーパー（cp）とジャーナル（アーティクル（ar））を抽出し，全体，AI 論文，NLP 論文について，論文数と平均被引用数を整理した表である．論文数では，全体に占める AI 論文，NLP 論文の比率は全分類と比べて cp が高く，ar は低い．また，平均被引用数では，cp は ar よりかなり低い．cp の NLP 論文では，著者の所属組織に企業を含む論文（com）の比率が最も高くなる一方，ar の AI 論文では com の比率が最も高く，NLP 論文では両利き研究者を著者に含む論文（coac）が全体の約 3 倍となっている．

　図 6-24，図 6-25 はそれぞれ cp と ar のトピックの推移につき分析した結果である．各々の特徴として挙げられる点は以下のとおりである．

cp: word, model というキーワードがトピック 0 に継続的に出現．一方，2018 年に clinical がトピック 2 に，clinical, medical が 2019 年にトピック 1 に，2020 年にトピック 3 に出現．
ar: 2018 年に word, model というキーワードがトピック 0 に出現．一方，clinial は 2016 年にトピック 0 に小さく，2017 年にトピック 0, 2 に，2018, 19 年にトピック 1 に，2020 年に medical とともにトピック 2 に出現．

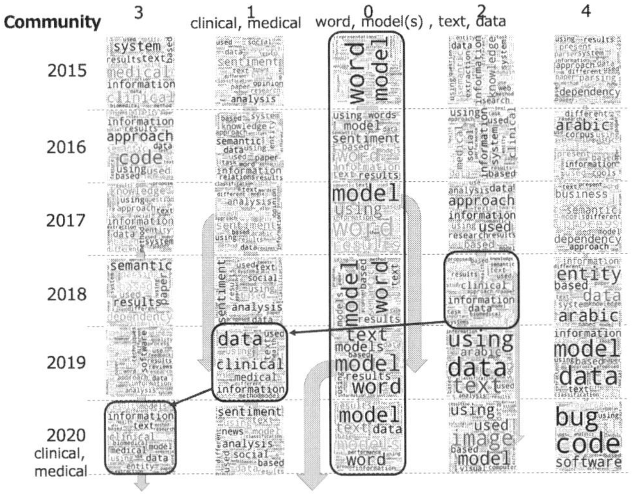

図 6-24　トピックの変遷（カンファレンス・ペーパー）

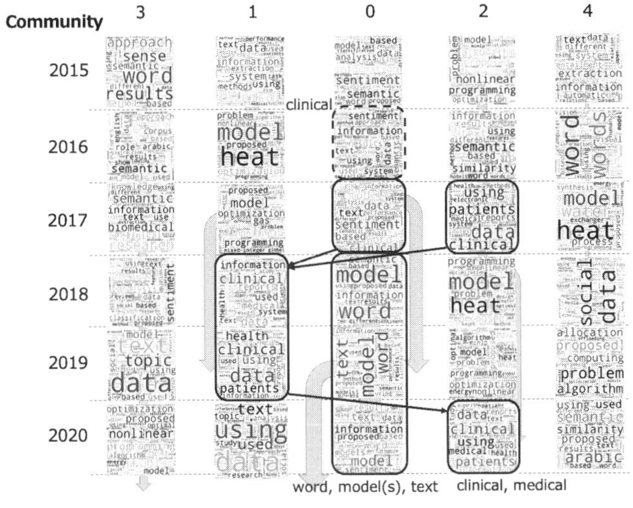

図 6-25　トピックの変遷（アーティクル）

　比較して言えることは，cp はモデルそのものの研究が主流で感度高く，速報性のある印象がある．例えば，"Attention is all you need" が発表された N（eur）IPS においては NLP 研究の最先端が発表され続けている．一方，ar は融合研究を含めじっくりと見極める特徴が見て取れる．例えば，医療との融合研究についても，医療関係機関との連携を含め体制を作

■ Vaswani, A., Shazeer, N., Parmar, N., Uszkoreit, J., Jones, L., Gomez, A.N., Kaiser, Ł., and Polosukhin, I., "Attention Is All You Need," proc. of 31st Conference on Neural Information Processing Systems (NIPS 2017)

Abstract

The dominant sequence transduction models are based on complex recurrent or convolutional neural networks that include an encoder and a decoder. The best performing models also connect the encoder and decoder through an attention mechanism. We propose a new simple network architecture, the Transformer, based solely on attention mechanisms, dispensing with recurrence and convolutions entirely. Experiments on two machine translation tasks show these models to be superior in quality while being more parallelizable and requiring significantly less time to train. Our model achieves 28.4 BLEU on the WMT 2014 English- to-German translation task, improving over the existing best results, including ensembles, by over 2 BLEU. On the WMT 2014 English-to-French translation task, our model establishes a new single-model state-of-the-art BLEU score of 41.0 after training for 3.5 days on eight GPUs, a small fraction of the training costs of the best models from the literature.

図 6-26 Vaswani らによる 2017 年の論文 "Attention is all you need" の概要

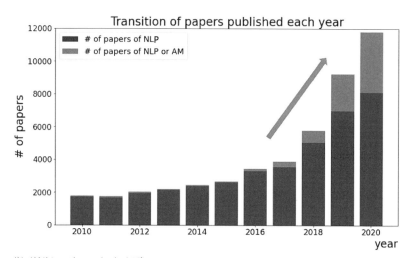

注) AM は 'attention mechanism' の略

図 6-27 'attention mechanism' を追加して再計算した結果（論文数の推移）

って時間をかけて研究を進めている印象がある．

(2) 識別子の特定方法

3-2-1 において示したとおり，NLP 論文検索・抽出の識別子としては，"natural language processing" 又は "NLP" を選定した．しかしながら，LLM や生成 AI が進展する大きな契機となった "Transformer" に関する論文（"Attention is all you need"）は，図 6-26 のとおり概要に "natural

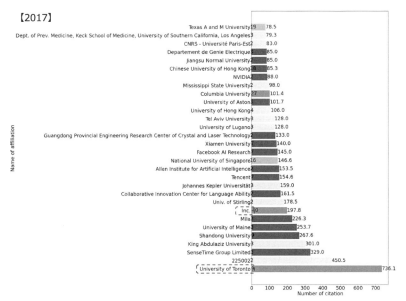

表 6-2 'attention mechanism' を追加して再計算した結果（投稿種別毎の著者類型別論文数・平均被引用数分析）

図 6-28 再計算後の著者所属組織ランキング

language processing" や "NLP" が含まれておらず，これらの識別子では本論文を検索・抽出できない．

そこで，同論文の重要語である 'attention mechanism' を識別子として追加，すなわち，識別子を 'NLP' or 'natural language processing' or 'attention mechanism' と設定の上再計算を試みた．この結果，図 6-27 のとおり，論文数については 'attention mechanism' にて抽出された論文が 2016 年以降 NLP 論文に上乗せされ，拡大している．また，表 6-2 のとおり，平均被引用数については著者の所属が企業を含む論文が両利き研究者を著者に含む論文を上回るようになる（付録 7 参照）．

また，"Attention is all you need" が 2017 年の被引用数上位論文に含まれるようになるため，組織別に平均被引用数を見ると，図 6-28 のと

おり，"Attention is all you need" の著者の所属組織である Google（ここでは Inc.）が 8 位，University of Toronto が 1 位となっている．

　この結果から言えることは，新しい概念が生まれるとそれを表現する言葉を自動的に捕捉できる訳ではないということである．つまり，識別子の設定に当たっては，インパクトの大きい論文を抽出し損ねていないか検証し，当該論文の概要に含まれる重要なキーワードを識別子として追加すべきか吟味する必要があるということである．

(3) ディマンドサイドの課題設定によるアプローチ

　これまでは特定の技術（研究テーマ）を設定の上，論文概要，タイトル，キーワードを検索し，当該技術に関連する論文を抽出してきたが，一方でこれら概要等にはディマンドサイドの課題も含まれる．テクノロジーサイドに代えてディマンドサイドの課題を設定し，その課題に関連する論文の発表数及び被引用数を算出することも可能である．例えば，高齢化，パンデミック，地球温暖化をディマンドサイドの課題として，論文を検索・抽出した場合どのような示唆が得られるであろうか．

　ディマンドサイドの課題設定によるアプローチにおいてトピック分析を行う場合，課題が一般的・上位概念であるほど論文数が多くなり分析結果が漠然としたものになると推測される．そこで，課題をより下位の概念に落とし込み，論文数を適度な数に絞り込んだ上で分析を行うのが良いと考えられる．ここでは，「高齢化」，中でも最近話題になっている認知症治療薬を念頭に，「認知症（dementia）」をディマンドサイドの課題として設定し，「治療薬（drug）」を解決する技術としてトピック分析を試みた（図6-29）．

　表 6-3 は認知症×治療薬による論文検索・抽出結果である．全体の平均被引用数が大きいだけでなく，産学共著論文（co_ac）が最大で，両利き研究者を著者に含む論文（coac）はそれよりかなり低いことが分かった．これは，AI/NLP 論文で見られた両利き研究者を著者に含む論文（coac）の平均被引用数が最大となる傾向とは明らかに異なっている．つまり，医療分野の中でも創薬（本ケースでは認知症×治療薬）においては，両利き研究者よりも産学連携そのものに価値が見出されることを意味する．大学と

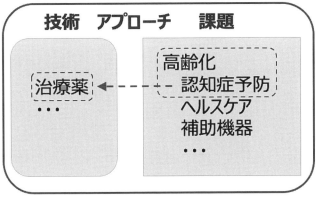

図6-29 ディマンドサイドの課題設定によるアプローチ

	all	com	co_ac	coac
# of publication	12321	699	522	149
# of citation	31.43	50.29	59.15	42.37

表6-3 認知症×治療薬による論文検索・抽出結果

図6-30 認知症×治療薬によるトピック分析の結果（抜粋）

企業が連携して治験を行うことは一般的であり，医薬品の研究開発において産学連携により得られる知見に大きな意義があるということである．

図6-30は認知症×治療薬によるトピック分析の結果（抜粋）である．6年間のトピックの推移を見ていくと，研究開発の過程において，認知症薬のターゲットがタウ・タンパク質（tau）からアミロイド（ベータ）（amyloid）に注目が移っていることが確認できる．

エーザイとバイオジェンが開発し，2023年7月にFDAの承認を得た「レカネマブ」，それ以前に開発し承認を得られなかった「アデュカヌマブ」とも，アミロイドβをターゲットとした治療薬である．

6-3-5 まとめ

論文データセットを用いた研究の多くは，論文数や被引用数を用いてトピック，著者，所属組織又は国の論文の量や質を比較したり，論文の引用・被引用関係を用いて書誌学的手法により，高被引用の共著者，国間の組合せを解析したりするものである．一方，技術融合に関しては，論文の引用・被引用関係に基づいて分野間の関わりの度合いを分析したり，時系列で技術融合の量的な推移を検証したりするものがほとんどである．また，産学連携に関する研究は多様かつ多産だが，調査する限りでは，そのほとんどが定性的な内容である．

本研究は，先行研究と同様に，論文数，被引用数，論文の引用・被引用関係を用いる．しかしながら，本研究では，ある特定の分野が他分野と融合した場面でも具体的なトピックを可視化するとともに，学学，産産，産学を含む組織間連携についてどの組合せが注目されているかを明確化した点において既存の研究とは異なっている．つまり，本研究の新規性は，トピック分析に分野間融合や組織間連携に関する分析を組み合わせて提示したことにある．具体的なケースとして，AI でも研究が急速に進展している NLP 分野において本手法を適用することで，分野間融合では AI/NLP と医療の融合分野で良い成果が生まれることが期待されていること，組織間連携では AI/NLP 研究での企業の存在感が高まる中で産学連携が重要となっていることが明らかになった．その意味で，本研究は従来にない知見，示唆を提供している．

一方，本研究の分析の手順としては，カメラを被写体に近付けていくように，概況から焦点を絞り現場レベルで起こっているところまで解像度を上げるという順序で行った．NLP 分野を対象に本手法を適用することで，過去 6 年間のトピック変遷の全体像から年毎，コミュニティ毎に研究現場の最先端で起こっていることを可視化し，分析が可能であることを示した．ここでは NLP を対象としたが，想定される技術分野の論文が検索・抽出できれば，本手法は NLP に限らず他の分野にも適用可能なフレームワークとなる．

本手法における新規性は，Scival などの既存の解析ツール，Gephi などの既存の可視化ツールを用いるだけでは分析できないことを独自の工夫

により作り込んだ点にある．他の既存の手法では今回示したようなファクトを得ることはできない．

　政策立案や技術経営に資するべく，本研究は，ある研究分野の知識が十分でなくても，当該研究分野のホットなテーマや課題の動向を容易に把握できるよう，科学の俯瞰図を描くことを目的としている．AI 技術の知見がほとんどなくても，AI 先端研究で注目されているテーマや課題を把握できるような設計を行っている．その中で，有意な分野間融合を見出し，有望な組織間連携を特定するといった付加価値を提供している．

　他方，政策担当者や企業の役員・管理職は概して特定の技術分野について必ずしも詳しい訳ではなく，出現しつつある新技術（emerging technology）に関するビッグプロジェクトを立案するに当たっては，どの技術に投資すれば波及効果が大きいか，大きなリターンが得られるか全体像を大局的に把握したい．同時に，そのような技術が適用される潜在分野はどこか，また，どのような参加者・組織又はその組合せであれば成果を挙げやすいかという点も知りたい．

　本研究において提示した枠組は，そのようなニーズを満たすことができるよう，what（テーマやトピック）だけでなく how（技術の組合せ）と who（人・組織の組合せ）に関する情報を提供するものである．

　汎用技術と言っても融合対象となる分野には相性があるはずであり，当該汎用技術の有望な融合分野を客観的に把握したい．研究者仲間は研究コミュニティを形成していることが多く，手繰り寄せれば人・組織の組合せは分かってくるが，できればより客観的に有意な人・組織の組合せを把握したい．本研究はそのような期待に対して，論文データセットから得られる情報を客観的に加工・視覚化し，示唆を提供するものである．その意味において，本研究は，政策担当者や企業の役員・管理職が最先端の技術を応用するビッグプロジェクトを立案する場合に，大いに役に立つものと考える．

　当該分野の専門家を集めれば良いとの考え方もあるが，専門家は自分自身の研究テーマの良さを主張する傾向があることは否めない．そのような場合には本手法を組み合わせることで，より客観性のあるプロジェクト立

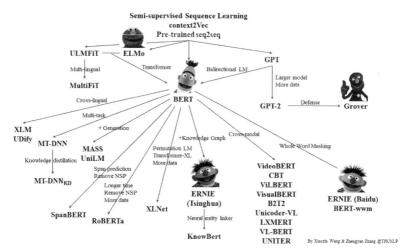

出典）https://github.com/thunlp/PLMpapers

図 6-31　BERT の発展・進化

案が可能となる．

　以上をまとめると，本研究の技術経営に対する貢献は，第一に「分野間融合」と「オープンイノベーション」について「組織間連携」を組み合わせて最も変化の早い分野においてそれらの進展を捉えられること，第二に「マクロ→セミマクロ→ミクロ」へと掘り下げる枠組は多くの分野に適用可能であることを示したことにある．このような変化の早い分野においてホットトピックを捉えられること，一般化・横展開可能なフレームワークとして提案したことは，間違いなく技術経営の研究コミュニティに大きく貢献するものであると信じる．

　さらにこれらに加えて，AI/NLP と医療の分野間・組織間の越境を例として，知識移動の多様な方向感を顕在化させられることを実証した．分野間融合と組織間連携は分けて議論できないものであり，これらを二軸としたフレームワークをイノベーション分析における考察の基礎的枠組として活用し得ると提案したことも貢献の一つと言える．

　NLP 自体はどんどん進展している．Google のチームが 2017 年に "Transformer" を，2019 年に "BERT" を発表し，これ以降 "ERNIE" (Tsungfua University, Baidu)，"GPT3"（OpenAI）などが発表されている

Rank	Name	Model	URL	Score	CoLA	SST-2	MRPC	STS-B	QQP	MNLI-m	MNLI-mm	QNLI	RTE	WNLI	AX
1	JDExplore d-team	Vega v1		91.3	73.8	97.9	94.5/92.6	93.5/93.1	76.7/91.1	92.1	91.9	96.7	92.4	97.9	51.4
2	Microsoft Alexander v-team	Turing NLR v5		91.2	72.6	97.6	93.6/91.7	93.7/93.3	76.4/91.1	92.6	92.4	97.9	94.1	95.9	57.0
3	DIRL Team	DeBERTa + CLEVER		91.1	74.7	97.6	93.3/91.1	93.4/93.1	76.5/91.0	92.1	91.8	96.7	93.2	96.6	53.3
4	ERNIE Team - Baidu	ERNIE		91.1	75.5	97.8	93.9/91.8	93.0/92.6	75.2/90.9	92.3	91.7	97.3	92.6	95.9	51.7
5	AliceMind & DIRL	StructBERT + CLEVER		91.0	75.3	97.7	93.9/91.9	93.5/93.1	75.6/90.8	91.7	91.5	97.4	92.5	95.2	49.1
6	DeBERTa Team - Microsoft	DeBERTa / TuringNLRv4		90.8	71.5	97.5	94.0/92.0	92.9/92.6	76.2/90.8	91.9	91.6	99.2	93.2	94.5	53.2
7	HFL iFLYTEK	MacALBERT + DKM		90.7	74.8	97.0	94.5/92.6	92.8/92.6	74.7/90.6	91.3	91.1	97.8	92.0	94.5	52.6
8	PING-AN Omni-Sinitic	ALBERT + DAAF + NAS		90.6	73.5	97.2	94.0/92.0	93.0/92.4	76.1/91.0	91.6	91.3	97.5	91.7	94.5	51.2
9	T5 Team - Google	T5		90.3	71.6	97.5	92.8/90.4	93.1/92.8	75.1/90.6	92.2	91.9	96.9	92.8	94.5	53.1
10	Microsoft D365 AI & MSR AI & GATECH	MT-DNN-SMART		89.9	69.5	97.5	93.7/91.6	92.9/92.5	73.9/90.2	91.0	90.8	99.2	89.7	94.5	50.2
11	Huawei Noah's Ark Lab	NEZHA-Large		89.8	71.7	97.3	93.3/91.0	92.4/91.9	75.2/90.7	91.1	91.3	98.2	90.3	94.5	47.9
12	Zihang Dai	Funnel-Transformer (Ensemble B10-10-10H1024)		89.7	70.5	97.5	93.4/91.2	92.6/92.3	75.4/90.4	91.4	91.1	95.8	90.0	94.5	
13	ELECTRA Team	ELECTRA-Large + Standard Tricks		89.4	71.7	97.1	93.1/90.7	92.9/92.5	75.6/90.8	91.3	90.8	95.8	89.8	91.8	50.7
14	David Kim	Jdigit LANet		89.3	71.8	97.3	92.6/499.6	93.0/92.7	75.5/90.5	91.8	91.6	96.4	91.1	88.4	54.0
15	朕壮义	RoBERTa-large + R-AT		88.8	70.3	96.7	92.6/90.1	92.1/91.8	75.1/90.5	91.1	90.9	95.3	88.9	89.7	48.2
16	Microsoft D365 AI & UMD	Fred.B-RoBERTa (ensemble)		88.4	68.0	96.8	93.1/90.8	92.3/92.1	74.8/90.3	91.1	90.7	95.6	88.7	89.0	50.1
17	Junjie Yang	HIRE-RoBERTa		88.3	68.6	97.1	93.0/90.7	92.4/92.0	74.3/90.2	90.7	90.4	95.5	87.9	89.0	49.3
18	Shiwen Ni	ELECTRA-large-M (benMkeras)		88.3	69.3	95.8	92.2/89.6	92.1/91.7	75.1/90.5	91.1	90.9	93.8	87.9	91.8	48.2
19	Facebook AI	RoBERTa		88.1	67.8	96.7	92.3/89.8	92.2/91.9	74.3/90.2	90.8	90.2	95.4	88.2	89.0	48.7
20	Microsoft D365 AI & MSR AI	MT-DNN-ensemble		87.6	68.4	96.5	92.7/90.3	91.1/90.7	73.7/89.9	87.9	87.4	96.0	86.3	89.0	42.8
21	GLUE Human Baselines	GLUE Human Baselines		87.1	66.4	97.8	86.3/90.8	92.7/92.6	59.5/80.4	92.0	92.8	91.2	93.6	95.9	
22	kk sr	ELECTRA-Large-NewSCL(single)		85.6	73.3	97.2	92.7/90.2	92.0/91.7	75.3/90.6	90.8	90.3	95.8	86.9	60.3	50.0
23	Adrian de Wynter	Bort (Alexa AI)		83.6	63.9	94.2	94.1/92.3	89.2/88.3	66.0/85.9	88.1	87.8	92.3	82.7	71.2	51.9
24	Lab-LV	ConvBERT base		83.2	67.8	95.7	91.4/88.3	90.4/89.7	73.0/90.0	86.3	87.4	93.2	77.9	65.1	42.9
25	Stanford Hazy Research	Snorkel MeTaL		83.2	63.8	96.2	91.5/88.5	90.1/86.7	73.1/89.9	87.6	87.2	93.9	80.9	65.1	39.9
26	XLM Systems	XLM (English only)		83.1	62.9	95.6	90.7/87.1	88.8/88.2	73.2/89.8	89.1	88.5	94.0	76.0	71.9	44.7
27	WATCH ME	ConvBERT-base-paddle-v1.1		83.1	66.3	95.4	91.5/88.6	90.0/89.2	73.9/90.0	88.2	87.7	93.3	76.2	65.1	9.2
28	Zhuosheng Zhang	SemBERT		82.9	62.3	94.6	91.2/88.3	87.8/86.7	72.8/89.8	87.6	86.3	94.6	84.5	65.1	42.4
29	Jun Yu	mpnet-base-paddle		82.9	60.5	95.9	91.6/88.9	90.8/90.3	72.5/89.7	87.6	86.6	93.3	82.4	65.1	9.2
30	Danqi Chen	SpanBERT (single-task training)		82.8	64.3	94.8	90.9/87.9	89.9/89.1	71.9/89.5	88.1	87.7	94.3	79.0	65.1	45.1
31	GAL team	distilRoBERTa+GAL (6-layer transformer single model)		82.6	60.0	95.3	91.9/89.2	90.0/86.5	73.0/90.0	87.4	86.5	92.7	81.6	65.1	0.0
32	Kevin Clark	BERT + BAM		82.3	61.5	95.2	91.3/88.3	88.6/87.9	72.5/89.7	86.9	85.9	93.1	80.4	65.1	40.7
33	Nitish Shirish Keskar	Span-Extractive BERT on STILTs		82.3	63.2	94.5	90.6/87.6	89.4/89.2	72.2/89.4	86.5	85.8	92.5	79.8	65.1	28.3
34	LV NUS	LV-BERT-base		82.1	64.0	94.7	90.9/87.9	89.4/88.8	72.3/89.5	86.6	86.1	92.6	77.0	65.1	26.5
35	Jason Phang	BERT on STILTs		82.0	62.1	94.3	90.2/86.6	88.7/88.3	71.9/89.4	86.4	85.6	92.7	80.1	65.1	28.3
36	gao jie	1		82.0	66.8	96.5	90.9/97.2	91.4/90.8	72.5/89.6	90.2	98.4	94.7	82.8	62.3	9.2
37	Gino Tesei	RobustRoBERTa		81.9	63.6	96.8	91.6/88.6	90.3/89.6	73.2/89.7	90.0	89.4	95.1	50.3	80.1	50.5
38	Karen Hambardzumyan	WARP with RoBERTa		81.6	53.9	96.3	88.3/93.9	88.5/88.4	73.0/89.7	86.6	86.3	92.4	78.6	65.1	35.2
39	Huawei Noah's Ark Lab MTL	CombinedKD-TinyRoBERTa (6 layer 82M parameters, MATE-KD + Annealing-KD)		81.5	55.6	95.1	91.2/88.1	89.5/88.4	73.0/89.7	86.2	85.9	92.4	76.6	65.1	20.2
40	Richard Bai	segaBERT-large		81.4	62.0	95.0	89.7/86.1	88.6/87.7	72.5/89.4	87.9	87.7	94.0	71.8	65.1	0.0
41	郭红	u-PMLM-R (Huawei Noah's Ark Lab)		81.3	56.9	94.2	90.7/87.7	89.7/86.1	72.2/89.4	86.1	85.4	92.1	78.5	65.1	40.0
42	Xinxing Zhang	AMBERT-BASE		81.2	60.0	95.2	90.6/97.1	60.3/86.2	72.2/89.5	86.4	85.4	92.9	72.6	65.1	37.4
43	Mikita Sazanovich	Routed BERTs		80.7	56.1	93.6	88.6/94.7	88.0/87.6	71.0/88.8	95.2	84.5	92.6	80.0	65.1	9.2
44	USCD-AI4Health Team	CERT		80.7	58.9	94.6	90.8/95.9	87.9/96.8	73.0/90.3	87.2	86.4	93.0	71.2	65.1	39.6
45	Jacob Devlin	BERT: 24-layers, 16-heads, 1024-hidden		80.5	60.5	94.9	89.3/85.4	87.6/86.5	72.1/89.3	86.7	85.9	92.7	70.1	65.1	39.6

出典) https://gluebenchmark.com/leaderboard

図 6-32　GLUE/SuperGLUE Learderboard as of 2022.9.18（太枠が人間の能力レベル）

（図6-31）．"BERT" の発表を機に "BERT" の改良モデルが次々と発表されており，GLUE/SuperGLUE のリーダーボードによれば，NLP においては既に人間の能力を超えたとされる（図6-32）．2022年11月には ChatGPT が公表され，既に世界に大きなインパクトを与えている．近年，生成 AI を中心とした LLM の発展は目覚ましく，まだ解決すべき課題は多いものの，生成 AI の汎用的な問題解決能力は世界的に認知されつつある．

このような近年の NLP の大きな進展と相俟って，あるタスク，課題に対して NLP を適切に応用することで「問いを解く」ことができるとの期待が高まっており，これまで論じた医療分野だけでなく，他の分野への融合にも拡がっていくと推測される．

第7章　論文と特許の関係性に基づく分野間融合と組織間連携の分析

　第6章までは，分野間融合（例えば，AIと医療）と組織間連携（産と学）について，学術論文の範囲だけで議論をしてきた．一方，分野間融合や組織間連携については，学術研究の内部だけでなく学術研究（論文）と産業技術（特許）の間の繋がりとして捉える考え方も存在する．そこで，本章では，分野間の技術の融合を論文（AI）の特許（応用先分野）による引用，また，組織間での知識の伝播を論文（主として学術界）の特許（主として産業界）による引用と捉えることで，学術研究と同種の関係が見られるかどうかについて検証する．

　論文と特許の繋がり（科学技術リンケージ：Science & Technology Linkage）に関する研究自体はそれ程数多くはないが示唆に富み，学術界の研究成果を産業界の事業に繋げるという点で重要な研究テーマである．まず，関連研究を調査する中で本章における分析方針を定め，研究を進めていくこととした．

7-1　関連研究と分析方針

　論文と特許の繋がりに関する論文は多様である．柴田らは太陽電池を題

材として，論文と特許の各々のレイヤーにおけるネットワーク分析を通じてコミュニティの形成過程を可視化するとともに，専門家の目を通じてレイヤー間の論文・特許相互の関連性について論じている[1]．また，Suominen らは Taxol という抗がん剤を例に，LDA 分析による論文と特許とのセマンティックな重なりについて論じている[2]．

Suominen らの論文においては，過去の論文に基づき科学技術リンケージの分析方法として，次の 5 点を挙げている．

・大学の特許数と企業の学術論文数
・論文著者と特許発明者の共起
・特許による学術論文の引用
・特許文献を引用している学術論文
・引用ネットワーク分析

参考までに，上記 5 番目について Suominen が引用しているのが柴田らの論文である．

それぞれの方法にはメリット・デメリットがある．3 番目は特許が引用する学術論文との関係を分析する方法で特許の技術シーズとなる論文の科学的知見を直接把握できるメリットがあるが，国によって特許が引用する学術論文の網羅性にバラツキがあり全体的な比較が難しいといったデメリットがある．

ただ，Scopus のデータセットには特許の引用する文献情報がデータとして含まれており，Scopus の解析ツールである Scival はそのような文

---

(1)　N. Shibata, Y. Kajikawa, Y. Takeda, and K. Matsushima, "Detecting emerging research fronts based on topological measures in citation networks of scientific publications," *Technovation*, vol. 78, no. 2, pp. 274–282, 2010.

(2)　A. Suominen, S. Ranaei, and O. Dedehayir "Exploration of Science and Technology Interaction: A Case Study on Taxol," *IEEE Trans. Eng. Manage.*, vol. 68, no. 6, pp. 1786–1801, Dec. 2021.

献情報を解析可能である．Scopus-Scival を活用することで比較的容易に大規模なデータを取り扱えることもあり，ここでは上述のメリット・デメリットを承知の上で，俯瞰性を重視して 3 番目の方法を選択して分析を進めることとした．また，研究を進めるに当たり，Scival による抽出データと独自にコーディングしたプログラムによる解析を組み合わせて対応することとした．

なお，特許情報としては，Clarivate Analytics の Derwent Innovation のデータセット使用を試みたが，一度に抽出できるデータ量に限度があることが判明した一方，Scopus のデータを対象とした Scival を活用することである程度まとまった数を一度に分析可能であると分かったため，Scopus を利用することとしている．

7-2　手法

特許が引用する論文（以下，「特許引用論文」）と論文を引用する特許（以下，「論文引用特許」）を分析する手順としては，次のとおりである．

①Scival による特許引用論文の特定，経年分布の描出
②特許引用論文における，独自プログラムによる AI 論文と産学共著論文に関する分析
③論文・特許における AI 分野の融合に関する時系列分析
④論文の著者・特許の発明者の所属組織に関する分析

7-2-1　特許引用論文経年分布の概観

Scival では特許が引用する論文を特定し，当該論文の発表年と発表年毎の被引用論文数の総和を求めることができる．また，発表年毎の被引用論文の被引用回数の総和を求めることもできる．

ここでは，Scopus のデータセットから特許引用論文を全て抽出し，発表年毎の被引用論文数と被引用論文の被引用回数の傾向を観察することとした．

7-2-2 特許引用論文における AI 論文と産学共著論文に関する分析

Scival からエクスポートした論文データについて，3-1 で準備したデータセットの論文インデックスと照合の上論文データを特定し，第 4 章で構築したプログラムを用いて AI 関連論文と産学共著論文に関する分析を行った．

7-2-3 論文・特許における AI 分野の融合に関する時系列分析

Scival において論文引用特許と特許引用論文を特定し，3 つの期間（① 2012-2021 年，② 2017-2021 年，③ 2019-2021 年）において論文引用特許数と特許引用論文数を全分野，AI 分野それぞれについて算定した．

7-2-4 論文の著者・特許の発明者の所属組織に関する分析

特許引用論文の著者と論文引用特許の発明者が所属する組織について，前章までに行った独自プログラムによる計算結果を再度整理した上で，目視による分析を行った．

7-3 結果

Scival により特許引用論文を特定し，定量的な観察を行うとともに，独自プログラムにより特許引用論文に占める AI 論文と産学共著論文について概括的な分析を行った．また，Sciavl により論文・特許における AI 分野の融合に関する時系列分析を行うとともに，論文・特許の著者・発明者所属組織に関する分析も行った．結果は以下のとおりである．

7-3-1 特許引用論文の概観

分析結果は，表 7-1，図 7-1，表 7-2，図 7-2 である（2022 年 2 月時点）．

ここで注意すべきは，論文の発表年が 1996 年以降となっている点である．5-3-2 でも触れているが，過去の論文の引用履歴が蓄積され，近年発表の論文は引用履歴が蓄積されていない可能性があることに留意が必要である．

1996	1997	1998	1999	2000	2001	2002	2003	2004	2005
85,915	90,598	94,874	99,191	103,487	103,361	107,274	111,169	116,741	121,503

2006	2007	2008	2009	2010	2011	2012	2013	2014	2015
117,483	111,058	108,105	104,934	101,704	96,181	89,134	81,651	72,152	62,985

2016	2017	2018	2019	2020	2021	Overall
50,112	38,161	25,864	13,588	4,195	434	2,111,854

Metric 1: Patent-Cited Scholarly Output
Types of publications included: all.
Patent office: all.
Metric 2: Publication Year

表 7-1　特許引用論文の発表年と発表年毎の被引用論文件数

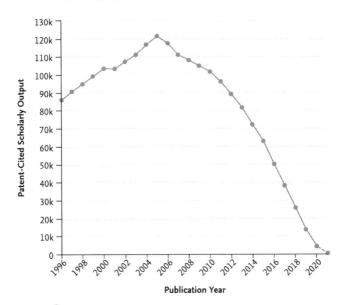

図 7-1　特許引用論文の発表年と発表年毎の被引用論文件数

1996	1997	1998	1999	2000	2001	2002	2003	2004	2005
821,027	857,683	896,022	936,812	992,975	945,134	964,281	967,349	964,469	930,041

2006	2007	2008	2009	2010	2011	2012	2013	2014	2015
844,700	785,370	752,618	665,946	598,656	533,381	470,041	405,251	322,270	253,587

2016	2017	2018	2019	2020	2021	Overall
180,407	118,917	62,719	25,519	7,969	953	15,304,097

y-axis: Patent-Citations Count
Types of publications included: all.
Patent office: all.
x-axis: Publication Year

表 7-2　特許引用論文の発表年と発表年毎の論文被引用回数

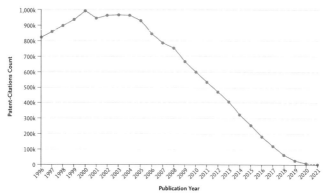

図 7-2　特許引用論文の発表年と発表年毎の論文被引用回数

7-3-2　特許引用論文における AI 論文と産学共著論文に関する分析

　特許引用論文数は計 2,111,854 件に上るが，複数回引用があったものに限ると 83,225 件に絞られる．引用回数は論文の価値を表す指標の一つとされる一方，この規模の件数であれば解析が比較的容易になるので，ここでは分析対象となる母集団を特許が複数回引用する論文（以下，「特許複数回引用論文」）83,225 件とした．結果は以下のとおりである．

　まず，図 7-3 に示すとおり，特許引用論文の被引用数の分布は，第 5 章と同様ロングテール（べき則に従うスケールフリーネットワーク）の分布となった．これら論文群における産学共著論文の平均被引用数は全体と比べて高い（14.17 ＞ 10.90）．一方，『両利き研究者』を著者に含む論文の平均被引用数は全体と比べて高いが，産学共著論文と比べると低くなっている（14.17 ＞ 13.75）．

　プロットした 83,225 件の論文群をリストアップすると表 7-3（最初と最後の 5 件のみ）のようになる．本リストのとおり，特許による引用回数を論文データセットの右欄（p_citd）に追加している．

　特許引用論文のうち被引用回数上位論文を目視確認する限り，特許が引用する論文は化学・材料，バイオ・医療等のいわゆるものづくり分野が多く，特許取得上参照を必要とする文献は，AI 等のデジタル分野よりものづくり分野の論文が多いことが読み取れる（被引用数上位 50 の論文リストを付録 8 に収録）．

　次に，特許引用論文における AI 論文と産学共著論文の位置付けについ

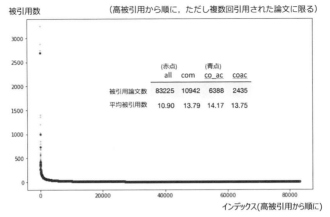

図7-3 特許複数回引用論文の被引用数分布

	eid	afs	author	ym	title	abstract	citd	p_citd
29799522	2-s2.0-0029799522	[, Hebrew University, Hebrew University]	[Eshed Y., Zamir D., Zamir D.]	199601	Less-than-additive epistatic interactions of q...	Epistasis plays a role in determining the phe...	191	3248
1017006	2-s2.0-0001017008	[Natl. Inst. for Materials Science, Natl. Inst...	[Li C., Bando Y., Nakamura M., Onoda M., Kimiz...	199809	Modulated Structures of Homologous Compounds I...	The modulated structures appearing in the hom...	129	2877
30168131	2-s2.0-0030168131	[Philips Research Laboratories, Philips Resear...	[Prins M.W.J., Grosse-Holz K.-O., Muller G., C...	199612	A ferroelectric transparent thin-film transistor	Operation is demonstrated of a field-effect t...	176	2746
1638274	2-s2.0-0001638274	[HOYA Corporation, HOYA Corporation, Kyoto Uni...	[Orita M., Tanji H., Mizuno M., Adachi Hirohiko]	200001	Mechanism of electrical conductivity of transp...	The electronic structure of (Formula presente...	95	2693
30271920	2-s2.0-0030271920	[Europ. Molecular Biology Laboratory, Max Delb...	[Bork P., Bork P., Bairoch A.]	199601	Go hunting in sequence databases but watch out...		86	1401
...	...	...	...	...	...	...	...	...
6537108	2-s2.0-0006537108	[IBM Almaden Research Center, IBM Almaden Rese...	[Parkin S.S.P., Rabedeau T.]	199612	Low field giant magnetoresistance in sputtered...	Polycrystalline permalloy/Au multilayers exhi...	26	2
2286329	2-s2.0-0002286329	[COPPE/UFRJ, COPPE/UFRJ, CNRS, CNRS, CNRS, Lab...	[Noronha F.B., Schmal M., Frety R., Bergeret G...	199901	Evidence of alloy formation during the activat...	Magnetism, XRD, and EXAFS analyses were used	32	2
1508128	2-s2.0-0001508128	[University of Surrey, University of Surrey, U...	[Su T.-J., Lu J.R., Thomas R.K., Cui Z., Penfo...	199810	The conformational structure of bovine serum a...	The adsorption of bovine serum albumin (BSA) ...	160	2
391357	2-s2.0-0000391357	[University of Exeter, University of Exeter]	[Hicken R.J., Wu J.]	199904	Observation of ferromagnetic resonance in the ...	Optical pump-probe spectroscopy has been used...	34	2
2502790	2-s2.0-0002502790	[University of La Laguna, Instituto de Ciencia...	[Alvira E., Garcia J.I., Mayoral J.A.]	199501	Molecular modelling study for chiral separatio...	The intermolecular forces responsible for com...	16	2

83225 rows × 8 columns

表7-3 特許複数回引用論文リスト（最初と最後の5件ずつを表示）

て分析結果を示す．表7-4のとおり，AI論文数の全数に占める比率は0.53%と，論文全体に占めるAI論文の比率0.82%（=609,825/74,788,191，表5-5参照）と比べて低い．また，どの著者の種類（[all]，[com]，[co_ac]，[coac]）の平均被引用数もAI論文は全体より低くなっている．この理由として考えられることの一つは，既述のとおり，AI論

	all	com	co_ac	coac
被引用論文数	83225	10942	6388	2435
平均被引用数	10.90	13.79	14.17	13.75
被引用論文数うちAI論文数	444	49	34	16
AI論文の平均被引用数	8.14	9.98	9.03	6.06
AI論文数の比率	0.53%	0.45%	0.53%	0.66%
AI論文の平均被引用数の比	0.75	0.72	0.64	0.44

表 7-4　特許複数回引用論文における AI 論文と産学共著論文の位置付け

期間	① 2012-2021 年		② 2017-2021 年		③ 2019-2021 年	
特許・論文	論文引用特許数 (a)	特許引用論文数 (b)	論文引用特許数 (a)	特許引用論文数 (b)	論文引用特許数 (a)	特許引用論文数 (b)
全分野 (A)	534,079	438,260	110,572	82,233	23,043	18,208
割合 (b/a)		82.1%		74.4%		79.0%
AI 分野 (B)	12,787	4,418	2,940	1,256	534	290
割合 (b/a)		34.6%		42.7%		54.3%
割合 (B/A)	2.4%	1.0%	2.7%	1.5%	2.3%	1.6%

注) ここでの AI 分野とは論文のことであり特許のことではないが，目視により確認する限り，AI 論文を参照している特許は結果として AI 関連であることが多い（論文引用数上位 100 の特許リストを付録 9 に収録）．

表 7-5　論文引用特許数と特許引用論文数の推移

文は 2010 年代になって脚光を浴びたものが多く，過去の特許による引用履歴の蓄積が少ない傾向にあるためと考えられる．

7-3-3　論文・特許における AI 分野の融合に関する時系列分析

3 つの期間（① 2012-2021 年，② 2017-2021 年，③ 2019-2021 年）における論文引用特許数と特許引用論文数を全分野，AI 分野それぞれについて算定した（2023 年 2 月時点）．

特許引用論文数に占める論文引用特許数の割合（b/a）が全分野において①，②，③と大きな変動がないのに対し，AI 分野においては大きく増加している．このことは AI 分野においては，近年の特許ほどサイエンスリンケージが高くなっている，つまり，サイエンスの成果が直接的にテクノロジーに繋がっていると解釈される．

また，論文引用特許数における AI 分野と全分野の割合（B/A）が①，

論文・特許の別 \ 著者	全数	企業含む	大学等・企業共著
論文	74,788,191	3,302,648	1,880,385
割合		4.4%	2.5%
AI 論文	609,825	34,567	24,784
割合		5.7%	4.1%
特許複数回引用 AI 論文	444	49	34
割合		11.0%	7.7%

発明者	全数	大学等含む	大学等・企業共願
特許（論文引用数上位 1,000）	1,000	185	20
割合		18.5%	2.0%
AI 論文引用特許（AI 関連特許）	534	29	6
割合		5.4%	1.1%

注) 上から 2 つ（論文, AI 論文）は表 5-5 から, 上から 3 番目（特許複数回引用論文）は表 7-4 から引用. 下から 2 つ（特許・AI 論文引用特許）は表 7-5 ③ (a) の (A), (B) の特許リスト（23,043 件のうち 1,000 件と 534 件）を目視により数えた値.

表 7-6　論文・特許における著者・発明者の所属組織別件数

②, ③と大きな変動がないのに対し, 特許引用論文数におけるその割合 (B/A) はかなり増加している. これは, 特許が引用する論文において近年になるほど AI の影響が次第に強まってきているものと解釈される.

　さらに, AI 関連の特許リスト（③ (a), (B) の内訳, 以下,「AI 関連特許」）を目視で確認する限り, AI 技術そのものに関する特許がある一方, そうでない AI 融合に関する特許も多いと分かる. 例えば, 自動運転, ルートプラン, ロボット, 3D プリンティング, 建築, 細胞培養, X 線, セキュリティ等, AI 技術の応用先が幅広いことが確認できる. また, 発明者の大部分は企業となっており, 産学共願となっている AI 関連特許は少ない.

7-3-4　論文の著者・特許の発明者の所属組織に関する分析

　論文の著者の多くは大学に所属する一方, 特許権者の多くは企業に所属していることから, 論文を引用・参照しつつ特許が権利化される過程において大学から企業に技術移転が生じていると考えることができる. 表 7-6 がそのことを裏付けている. すなわち, 論文については, 企業に所属する著者による論文が 4.4% であり, 企業に所属する著者のみによる論文に限ると 1.9%（＝4.4%−2.5%）となる. 一方, 特許については大学等

の学術機関と企業との関係は真逆で，大学等に所属する者が発明者となる特許が 18.5% であり，大学等に所属する者のみが発明者となる特許に限ると 16.5%（＝18.5%－2.0%）となる．1,000 件を目視確認する限りにおいて，医療分野の特許が多い印象である．

AI 分野に限ると論文，特許ともに企業の比重がより高まる．AI 論文については，企業に所属する著者による論文が 5.7% であり，特許が複数回引用する AI 論文（特許複数回引用 AI 論文）に限ると，11.0% とより割合が大きくなる．AI 関連特許については，大学等の学術機関に所属する者が発明者となる特許が 5.4% であり，逆から見ると，企業に所属する者が発明者となる特許の割合は 95.7%（＝100%－（5.4%－1.1%））と大きくなっている．

また，目視により確認する限り AI 関連特許の発明者の大部分は企業単独で，表 7-6 のとおり産学共願は 1.1% と極小である．特許では産業応用が主になるため，企業は特許戦略上敢えて共願にしないようにしていると推測される．論文引用数上位 1000 の特許のうち共願特許は 2.0% と小さく，この傾向は AI 分野に限らずとも変わらない．

7-4　考察

7-3 を踏まえると，分野間融合，組織間連携について，以下のとおり考察される．

7-4-1　分野間融合

第 6 章でみたとおり，AI 論文において分野間融合の対象として際立っていたのは医療分野であった．一方，7-3-3 にて示したとおり，AI 関連特許においては，AI の融合対象は多様である．具体的には，AI 関連特許では，医療，バイオ，自動運転，ビジョン・センシング，ロボット，3D プリンティング，セキュリティ，太陽光発電，建築等，AI 技術の応用先が幅広い．これは論文において AI と医療との融合ばかりが目立つ分析結果とはかなり異なっている．この結果をどのように捉えれば良いかを考える．

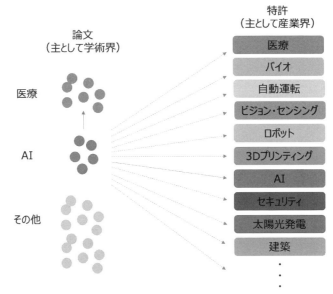

図 7-4 AI 分野の学術的な研究成果が産業界に波及する様子

　AI 技術が学術界から産業界に移転される場合には，AI の研究成果は多くの分野で広く応用され，製品・サービスに組み込まれて世の中に普及すると解釈することができる（図 7-4）．特許統計として現れるのは公開後，つまり 1 年半のタイムラグがあり，実際には特許リストに現れる以上に分野間融合が起きており，AI 分野の研究成果が広く世の中で活用されているはずである．AI の拡散力・伝播力の強さは各産業分野における AI 技術への期待が高いことの現れであるが，元を辿れば AI 技術が課題解決と直結していることに起因しているからと考えられる．このことは，「AI と課題解決の表裏一体性」が背景にあって生じていることと言える．

7-4-2　組織間連携

　大学等の学術機関の研究成果が論文としてまとめられ，その論文を引用・参照しつつ特許として権利化される中で，論文から特許へ技術が継承される．また，企業が自ら保有する特許を実施する，又は他からライセンスを受けて技術を活用することで，我々は様々な製品，サービスを通じて大学等の研究成果の恩恵を受けることになる（図 7-5）．

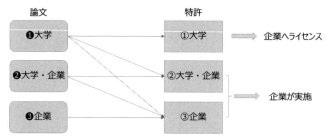

図 7-5　学術論文の研究成果が特許に活かされ，企業で使用されるフロー

　論文の特許による引用を組織間の知識の伝播として捉え，さらにこれを組織間連携と見做すとどのように解されるかを考える．

　7-3-4 のとおり，AI 分野では論文・特許において企業の存在感が増していること，また 7-3-3 のとおり，特許が引用する AI 論文の割合が近年増加し，AI 分野ではサイエンス・リンケージが高まっていることを踏まえると，産業界の学術界に対する期待の高さはもちろん，AI 技術が課題解決と直結しているのであろうと推察される．

　AI 技術は基礎研究の成果がそのまま課題解決（又はタスク処理）に繋がりやすい．他の分野だと医療，殊創薬においては，大学（病院）と製薬企業が共同して臨床研究を行うが，利益相反が生じないよう（中立性が必要となるため），大学の研究者が製薬企業との両方に所属することは考えられない．ところが，AI 分野においては，基礎的な研究成果が課題解決に直結する一方，創薬のような利益相反の懸念も起きにくいため，大学の研究者が巨大テックへの所属や起業の形で企業人としての身分を持つことが起こり得る．これは AI 分野に閉じた話ではなく，課題解決が求められる分野で，かつ AI がその解決手段となり得る場合は，両利き研究者らによる AI 分野から他分野への分野間越境が起こり得る．このことは AI 技術の『越境力』の大きさを表現しているとも言える．

7-4-3　まとめ

　知的財産権については，AI 分野はものづくり分野とは異なる特性があることも忘れてはならない．すなわち，同じ知的財産権であっても特許でなく著作物にもなり得ることである（図 7-6 参照）．AI 研究の成果をソフ

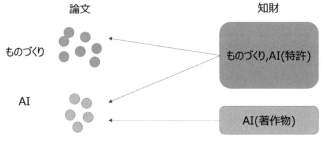

図 7-6　知財からの引用・参照論文

トウェア特許やシステム特許として取得を目指す場合もあるであろうが，同じ知的財産権でも著作権として保護されるケースも多いように見受けられる．ソフトウェアの場合は論文での再現性の検証や広い観点からのアップデートの必要性から公開することもある．論文執筆の際に作成したソースコードを Github にアップロードしてオープンソースにすることもある．

　このような AI 分野の知的財産権の特性に留意する必要があるが，以上のとおり，本章においては，分野間の技術の融合を論文（AI）の特許（応用先分野）による引用，これを分野間融合と捉え，また，組織間での知識の伝播を論文（主として学術界）の特許（主として産業界）による引用，これを組織間連携と見做すことで，学術論文のみを対象とした分析にも増して，AI と分野間融合・組織間連携との構造的かつ高い親和性の存在が明らかになった．すなわち，AI 分野では技術融合がより広範に，産学連携がより緊密に行われる．特に，AI と分野間融合の親和性が一段高く，広範囲かつダイナミックに技術融合が起こっていることが確認された．

　AI 分野においては，学から産への技術移転，これを組織間連携とすればそこが契機となって技術融合，分野間融合が起こっている．この産業界における AI 技術融合の拡がりの根底には「AI と課題解決の表裏一体性」がある．産業界に存在する課題のうち AI に適合するテーマには学術界の研究成果を直接適用できる蓋然性が高く，産業界の課題がいわば引力となって学術界の研究成果を惹きつけているようにも映る．

　前章までの議論を補完する本章により，当初の問題意識である「AI 技術融合は，産学融合と相俟って研究を加速させ，研究領域を次々と創成す

る一方，新産業発展の原動力となっているのではないか」との考え方に対して，一定の見解・結論を提示できたことになる．図 7-4 がそのことを明瞭に説明している．

第8章　結論

8-1　まとめ

　本研究を通じて明らかにしたことの第一は，新しいキーワード，専門用語の創生が新しい研究の進展の兆候を表現しているというシンプルな事実である．研究が進展するに連れて新しい課題やその課題を打破するための新しい技術が生まれ，それらを命名するための新しいキーワード，専門用語が生まれる，又は既存の言葉に新しい意味が込められる．先端研究は一般的には難解に受け止められることが多いが，ある学術分野の研究の流れを確認する作業において，キーワード，専門用語を追うことでその動向を一定程度把握することはできる．そのためにネットワーク分析によるトピック抽出は重要な役割を果たせること，また，そうした手法は「科学を科学する（Science of Science）」ことにおいて大きな意義があることが本研究を通じて検証できた．

　次に，組織間連携により新しいイノベーションを起こすことができること，『三人寄れば文殊の知恵』として協働が価値を生むこと自体は普遍としても，産学連携の持つ意味合いがデジタルの時代にあって変化してき

いうということである．「双方向性」という言葉がまさにそれを表現していると言えるが，AI 研究の急速な進展，その成果の各方面への応用，更なるニーズや新しい課題の出現，それを解決する新たな AI 研究の進展というサイクルが循環するに当たり，一つでなく複数の役割を果たす主体（アクター）の存在が重要になっている．本研究で言えば，『両利き研究者』がそれに該当するが，従来と異なるのは，AI 研究者が企業に身を置く誘因が存在することである．過去なら博士を取得した研究者が大学でなく企業に行くことは『都落ち』と言われるようなこともあったが，世界ではこれとは真逆の状況が起きている．もちろんこれには AI エンジニア，研究者に対する世の中の需要が大きく，給与や待遇が良くなっているという社会的側面もあるのは確かである．

さらに，異分野融合により新たな境地を切り拓く可能性はあり，これまでの科学において分野を超えることでいくつもの難題を克服してきていることは歴史が示すところであるが，融合の起こりやすさ，分野間の親和性の大小が存在するということである．例えば，学術論文のみの分析では AI 技術は医療分野との親和性が高いことは明らかである．本研究において，AI の学術・産業応用の一分野として自然言語処理の医療との融合を取り上げたが，そのような動きが起こる一つの要因として，複雑な生命現象の解明に対する期待とそれによって生まれ得る潜在的価値が大きいことがまずは挙げられる．また科学に占めるライフサイエンスの割合が大きいことが背景にあるからとも考えられる（ネイチャー誌の約半分はライフサイエンスが占めること，日本の独立行政法人予算に占める約 3 割は医療・ヘルスケア向けであることが知られている）．一方，論文と特許の関係性分析によれば，産業界における AI の融合先は医療に留まらず，課題解決に繋がる広い分野に亘ることも明らかになった．これは「AI の課題解決との表裏一体性」に由来する AI の『越境力』の大きさに起因すると考えられる．

最後に，AI 融合という事象を観察する限りにおいて，組織間連携と分野間融合が一体で行われているという事実に着目したい．その重ね合わせ効果を因数分解することは容易ではないが，一見渾然一体と行われている

ようで紐解いていくと実は合理的であることが判明する．政策・施策の観点からは，高くなっていく分野間の壁を克服するには，連携・融合に向けた研究者にとっての誘因，動機といったものが実は重要であり，放置したままだと進まない状況にあれば，研究者が自ら行動を起こすように動機付けを行うことが必要になることも示唆された．研究のブレークスルーを起こすため他分野での知見を活用・流用することが主な連携・融合の誘因となろうが，他にも様々な動機があるはずで，それを突き詰めた成果をツールとして適切に活用することで，連携・融合をより進展させられる可能性がある．

8-2 本研究の新規性

第2章において触れたとおり，本研究はAI分野の研究トレンド分析のための手法として論文引用ネットワーク分析を実施する点ではVahidnia らによる論文（第2章（51））に近いと言えるが，単一技術でなく技術融合，分野間融合を対象としており，さらに主体間連携もイノベーションを担う考慮要因としている．また，本研究ではAIと『両利き研究者』との親和性を見出し，AI分野における産学連携の質的変化を指摘した．本研究の成果について，手法及び結果の新規性として整理すると，以下のようになる．

8-2-1 手法の新規性

本研究ではコミュニティ毎にトピック分析を実施することでイノベーションの推移を可視化した．これにより，時の経過に応じて研究コミュニティの関心となる研究テーマが変遷していることが確認でき，いわばホットトピックに相当する研究テーマは何かを追い求めることが可能であると明らかになった．既存の研究と異なり，革新的なイノベーションの契機になるとされる分野間融合とともに主体間連携も組み合わせて，AI分野のトピックの推移を複層的に分析している点に新規性があると考えている．

本書では3つの手法を提案し，それを実際に用いることで新たな知見を得ている．

まず，分野間比較のため，浸透度・注目度という二つの指標を独自に設定の上，二次元に図示するという新しい枠組を導入した．この結果，デジタル融合の分野間比較が容易になり，融合対象分野毎の相違点や特徴を確認することができるようになった．分野毎，グループ毎の相違点や特徴を浮き立たせ，全体の傾向を容易に読み取ることが可能となった点において，過去には見られなかった俯瞰的な観察を可能とする手法である．

　また，分野間融合と組織間連携を 2 軸としたフレームワークの適用により，AI/NLP と医療の分野間・組織間の越境を例として，知識移動の多様な方向感を顕在化させ，客観的に観測できることを実証した．これは分野間融合と組織間連携のどちらかでなく，両方を同時に観察・分析する必要があることを意味する．本フレームワーク（『技術移転マトリックス』）はイノベーション分析における考察の基礎的枠組として広く活用し得るものと考えられる．

　さらに，本分析は，大局的に全貌を把握する視点から，次第に焦点を絞り込みつつ解像度を高め，研究現場で起こっていることが具体的に分かるように進めてきた．その手順は，マクロ的な知識構造の抽出，メソレベル（クラスター毎）の分析，それ以降はミクロな分析という 3 段階となっており，これは新規のアプローチであり分析手法である．本手法による分析は，AI 分野に限らず他の分野にも横展開可能なフレームワークとなっている．

8-2-2　結果の新規性

　産学共著論文のうち企業と学術機関の双方に所属する『両利き研究者』を著者に含む論文については，その発表数が増加傾向にあり，同時に『両利き研究者』が著者となる論文の学術的な注目度は年を追って高まっていること，中でも AI 分野における注目度が構造的に高くなっていることを明らかにした．また，『両利き研究者』が媒介となり企業，特に巨大テックに継続的に技術移転がなされる仕組みができた結果，AI 先端研究では巨大テックが大きな役割を果たすようになってきていることも確認できた．

　デジタル時代において産学連携で新たな役割を果たしている『両利き研究者』に焦点を当てその根拠を提示したことに加え，同研究者が仲介とな

って産学連携に「双方向性」という質的変化をもたらしている状況を定量的に示したことは，先行研究において分析や指摘がなされなかった点である．

　まとめると，本研究においては，『両利き研究者』を独自に定義した上で，特に AI 分野においてそのような研究者が研究活動において重要な役割を果たしており，『両利き研究者』を著者に含む論文の学術的価値が高いことを検証した点に意義があると考えている．

8-3　一つの定説に対する一定の見解

　ダイバーシティが学術研究を進める上で多様な視点をもたらし，前例のないアイディアを生み出す可能性のあることは一般的に知られている．ここでは，本研究を踏まえ，主体間，分野間の連携・融合はイノベーションの契機になっているのではないかという定説について，一定の見解をまとめることとしたい．

　検証する方法は様々あろうが，連携・融合論文の方が平均被引用数が高いことは，Scival による分析で容易に確認でき，本研究，特に第 4 章において示されたところである．また，第 5 章で示したとおり，少なくとも両利き研究者の存在が巨大テックの研究の進展・事業の拡大に寄与し，ひいてはイノベーションの加速に貢献している可能性がある．

　それでは，論文引用ネットワーク分析の結果から，連携・融合がイノベーションの契機となっていると言えるであろうか．

　本研究に取り組む当初は，技術融合には「良い融合」，「悪い融合」があるのではないかと考えており，研究を進める中でそれが詳らかになってくるのではとの期待もあった．しかしながら，第 6 章で示されたように，特定のコミュニティでは NLP と医療との融合が進んでいることが確認できたという事実であり，結果として「うまく進んでいる融合」が表出しているのだとの理解に至った．見方を変えれば，可能性を求めて挑戦した結果「うまくいかなかった融合」は表出していないだけと言えるのではない

か．つまり，融合させようという試行錯誤の中で「悪い融合」は篩にかけられ，「良い融合」だけが残った結果だとも解釈することができる．

別の言い方をすれば，第6章では，NLPを事例として論文引用ネットワーク分析を行った結果，どの分野がAI技術との親和性が高く，実際のAI技術の応用先・適用先として有望視されているかが示された．これは論文引用ネットワーク分析により「良い融合」を抽出することができたとも解される．つまり，論文引用ネットワーク分析のフレームワークは技術融合の中でも「良い融合」を知るための分析器となり得るということである．コミュニティにおける詳細なトピック分析を実施することで，技術融合初期の兆候も見出され得る．この手法はAI /NLPに限った話ではなく他の分野でも十分適用可能，つまり横展開可能である．

技術融合が成功するか予測することは困難であろうが，試行錯誤を繰り返す中で見えてくることもあり，その経験をまとめることで後進に対する指針とすることは可能である．AI技術の特性と適合先の相性を整理したものとして『AIマップ』が存在するが，同マップにはまさに指針としての意味合いが込められているのだと思われる．

このAIマップから見えてくるのは，7-4-1において触れた「AI技術と課題解決の表裏一体性」の存在である．「AI技術→課題」という要素が群を構成し，巨視的には要素が縦にも横にも広がりニューロンのように繋がっている．ある課題を解決した結果それが他の課題を解くための手法となり得るし，課題を変更することで別の手法が必要となり，新たな手法が考案される．学術の研究成果が産業に繋がるまでの中間領域にこの要素が複数あり，中間領域で両利き研究者が研究成果を企業にて課題解決に繋げる一方，巨大テックが学術領域にも踏み込む．このような仲介役を果たすアクターの出現は必然だったとも言える．結果として間隙が埋まりやすくなるため，越境，つまり分野間融合の進展は容易になる．したがって，主体間，分野間の連携・融合はイノベーションの契機になっているのではないかという定説に対しては，AIに関しては当てはまる．この場合，主体間連携・分野間融合がもたらすのはイノベーションそのものでなくその機会の提供である．すなわち，イノベーションのインパクトの規模や新規性

の有無を決めるのは組合せを考える人の知にあることを銘記する必要がある．ここに政策的示唆が見出せる．

　以前シリコンバレーに所在するベンチャー企業と意見交換したことがある．その際のやりとりの中で印象に残っているのは，「それで私たちはどのような連携を行っていけるか」と先方が議論の際に発した言葉である．シリコンバレーでは企業，主体間の連携が常日頃から行われており，今にして思えば，新たな連携こそが次のイノベーションに繋がると信じていたのだと推察される．その連携する主体間に多様性があることで様々な種類の化学反応が起こり，イノベーションの結果も千差万別に変わってくる．主体間連携と分野間融合は表裏一体で起こり得るもので，結果として，多様な方向感のある重ね合わせ効果が生じる．多様な主体間連携が様々な分野間融合をもたらすとして，結果はともかく連携にチャレンジすることで「良い融合」になっていくかを見極め，その結果を見て必要に応じて修正していくことがより重要になってくると言えよう．つまり，「破壊的イノベーション」を起こすためには，経験を積みながらも可能性を信じて連携や融合に果敢に挑戦し，必要な軌道修正や再チャレンジを続けるしかないということになるのであろう．

8-4　政策・施策及び技術経営上の示唆

8-4-1　研究の進展に伴う新しいキーワードの出現とその早期把握
　本研究を進める過程で明確になったことは，例えば自然言語処理という技術用語がAIの技術課題として1語に収斂・独立してAIの研究課題であることを改めて説明する必要がなくなってきていることである．ただ，技術用語が説明不要になっている段階ではかなり研究が進展して研究コミュニティが拡大している可能性がある．したがって，そのような技術用語が独立して使用されるに先立ちその持つ意味を察知できるかどうか，その技術にどの程度の潜在的価値を見出すことができるか，近い将来注目される技術と予想できるかが，他国・他社（他者）に一歩先行する上で肝要となる．

国の研究開発プロジェクト立ち上げに向けた研究課題設定においても，企業の新規事業のシーズになる技術テーマ選定に当たっても，以前は主張の強い研究者の研究課題や技術テーマが通りやすい雰囲気があり，科学的ではない要素があることは否めなかった．これを人間らしさと取り扱うのか，科学的視点で少しでも広く納得感の得られるものにできるかということになるが，現在はインテリジェンス機能の強化により広く世界の研究動向を把握，国や企業のポジションや強みを分析し，取り組むべきテーマや課題を厳選するという事前の検証プロセスが充実しつつある，又はそのように指向されている．一言で言えばエビデンス・ベースということになるが，確信を持てなかった事柄をより客観的に評価しようと，従来よりは科学的な事前評価プロセスになっている．特に現在は財政制約もさることながら一つの技術が将来の（経済）安全保障を左右する時代にもなっており，技術の持つ意義の明確化とその類型化はもちろん，何に注力するか，どこに投資するかという優先順位付けの必要性がより高まっているとも言える．

　科学の比重を大きくし，より体系的に先端研究の動向把握やテーマ選定を行い，事前検証プロセスを充実させることで，少なくとも誤った選択を減らすことはできるようになる．そうであれば，テーマ選定においてより科学の要素を組み込んでいくことは以前にも増して重要性を増していると言えるのではないか．すなわち，国や企業の将来を左右する事項の決定を行う上で，イノベーションに関する政策科学や技術経営学の重要性はより高まっていると言えよう．

　ポテンシャルある技術テーマを特定してそこに国として企業として投資していく上で，革新的で波及効果が大きなものを可能な限り早く見つけたいと誰しもが考える．その場合，最先端にあるキーワードを探索し，その技術が有する意義，将来の課題解決に向けた潜在的な可能性などを見通し，また，実用化までにどの位の研究期間を要するかを予測する，できれば精度や解像度を高めたいと欲する．1950年代に起源のある半導体，コンピュータ，AIなどは70年後の現在も重要技術であり続けているが，リードするポジションに立つには，これから30年後にこれらの重要技術と同様の取扱いになっている技術テーマは何か，今後できるだけ短期間で突き

止められるようにしていく必要があると思われる.

　第6章にて述べたとおり，本研究において提示した枠組は，what（テーマやトピック）だけでなく how（技術の組合せ）と who（人・組織の組合せ）に関する情報を提供することができる．本枠組は新興技術に関するビッグプロジェクトの立案・計画に当たり，特定技術の有望な融合分野（適用分野）や有意な取組主体の組合せについて示唆を提供するものである．当該分野の専門家を集めれば良いとの考え方もあるが，専門家は自分自身の研究テーマの良さを主張する傾向があることは否めない．そのような場合には本手法を組み合わせることで，より客観性のあるプロジェクト立案が可能となる．

　本研究では関心ある技術用語を識別子として設定することで注目される先端研究課題の特定等に取り組んできたが，関心ある社会課題を特定する，つまりニーズ側から注目される先端研究課題の特定等を行う手法も考え得る．本研究では試行的な分析にとどまるが，論文引用ネットワーク分析にはまだ多くの潜在的な活用方法が包含されていると言える．

　一方で，本研究開始前には計算機のみで新しい研究の兆候・予兆を把握できないかと考えていたが，実際には人がある程度踏み込んで新しいキーワードを探していくことが必要で，人の介在が避けられないことも明らかになった．ただし，論文に出てくる新しいキーワードは新しい研究手法やモデルが現れる兆候であり，AI 自体がそのような先端キーワードを特定できるようになって，人が介在するにしてもそのサポートとなれば，今後は更に容易に先端研究動向を把握できるようになると予想される．

8-4-2　技術移転の多様な方向感とそれを前提とした対応・展開

　既に述べたとおり，産学連携も時代とともに変化し，デジタル時代，AI 時代は学から産への一方向の技術移転ではなく，産による技術を学が活用するといった双方向性が特徴として現れ始めている．その上に汎用技術の持つ性格の一つとしての技術融合の多様性が重なって，技術移転の多

様な方向感が現れる．Google 傘下の DeepMind による "AF2" はその典型例，代表例である．このようなシステムが構築されると，膨大な数の候補の中からターゲットとする構造を精度高く探索する技術への横展開の可能性，例えばバイオインフォマティクス，マテリアルインフォマティクス，ファーマコインフォマティクスといったインフォマティクス技術への適用も期待される．また，自然言語処理の発展により大学において医療関連論文を総検索することでこれまで見つかっていなかった知見を抽出して創薬に繋げることもできるようになるとの期待もある．"Transformer" を契機に派生しているいくつもの技術が，今度は学術機関で医療関連以外の用途にも使用され更に新しい知見が生み出されるという好循環が生まれることも切望される．

　そうした中で AI 分野において技術移転を直接的・効率的に行う試みとして『両利き研究者』が出現してきたのは必然だったと言える．既に第 5 章において両利き研究者の意義や出現の背景について詳述しているのでここでは省略するが，両利き研究者が日本に存在するとしても，その活躍が目立つ状況にないのは何故か．日本には巨大テックが不在であることが第一に挙げられるが，兼業，利益相反，知財の取扱いについて今の時代に適合していないことが流動化の阻害要因になっているのではないであろうか．利益相反を懸念し過ぎることで先に踏み出すことができず，両利き研究者が出現しない状態に陥っているとすれば，ガイドラインの社会の要請に応じたアップデート（現代化）により，両利き研究者になろうとする者の懸念を払拭することが考えられる．また，知財の取扱いについても懸念が生じないよう予め帰属について整理しておくことで，罪悪感を感じることなく研究者が大学から企業に技術的知見を橋渡しできるようになり，また，その反対のケースも出現してくるのではないかと考えられる．特に AI 人材は枯渇しており，AI 人材の多方面での活躍は至上命題となっている．企業勤務であっても大学にも籍を置いて研究に取り組むことができるようになれば，研究者本人にとっては新しい知見を創出するチャンスが芽生え，大学にとっても新しい学術領域を作っていく好機である．国にとってはAI 人材を国内に留めることによる海外への知識流出の抑止にも繋がる．企業にとっては研究者の勤務時間は減るものの，大学にアクセスできるし，

新しい知見を事業に直接活かす可能性も出てくる．まさに「三方よし」の状況を作ることができるのではないかと推察される．

また，意図して融合の場を整備することも重要であろう．MITでは"Computing Bilinguals"を育成するため，Schwarzman College of Computing が設立された．(1) ここでは，教員がシェアード・ファカルティ方式によりコンピューティングやAIと５つのスクールに跨って教育・研究に従事する．すなわち，学生もさることながら，教員も"Computing Bilinguals"であることが求められる．このことは，融合に向けた教育・研究を進めるには大学として相当の覚悟やコミットメントが必要であることを意味する．本取組は主体間連携・分野間融合を進めるモデルケースであり，今後のフォローアップが必要となるが，日本で同様の取組を行う場合には，大学内部のイナーシャだけでは変革が容易に起こらないため，国による側面支援が重要になると考えられる．

以上，大学での取組はもちろん重要であるが，それだけでは限界があるため，その取組を後押しできるように国としても環境整備を支援する必要がある．ただ，三すくみの状況が続く限り，また，具体的な挑戦的取組を一つ一つ進めることがない限り，ビジョン，戦略など網羅的なものができても抜本的な解決には繋がっていかないように思える．

8-4-3　連携・融合への課題意識の醸成と誘引の構築

連携・融合の重要性は今になって唱えられた訳ではなく，過去からもブレークスルーとなるイノベーションを生起させるための仕掛けとしてその必要性は指摘されてきた．実際，文部科学省では例えば『先端融合領域イノベーション創出拠点形成プログラム』を展開してきており，更に遡ると，産業技術総合研究所の前身である工業技術院時代には産業技術融合領域研究所（融合研）が存在した．こういう取組の中で，例えば生体と工学との

---

(1) Wikipedia によれば，設立は 2020 年 1 月，予算規模は 1.1bil$ であり，MIT では 1950 年代以来の大変革であるとされている．
https://en.wikipedia.org/wiki/MIT_Schwarzman_College_of_Computing

接点に着目した研究が進展してきたが，今では「バイオエンジニアリング」という言葉が学問領域の一つを表現する用語として定着し，普通に使用されている．ただ，そのダイナミズムが日米で比較すると大きく異なっているように受け止めざるを得ない．

　もちろん，研究者が一人で取り組めることには限界があるし，連携して取り組むテーマや課題を突然求められても，常日頃からそのような意識を持ち合わせていなければ簡単に発想できるものではないであろう．もとより研究者にとって連携することへの魅力やインセンティブがないと大きな駆動力は生じない．

　連携・融合によるイノベーション強化に向けてもう一段上のレベルを目指すには，より大きくかつ本質的な「問いを解く」ために問いや課題，特に連携課題を設定する力（連携課題設定力）を磨くこと，また，モチベーション・マネジメントをアップデートしていくことが以前にも増して必要になっているのではないかと考えられる．

　研究者としての進路を固めたときから，興味・関心を持てるテーマはもちろん，「どのように大きく世界に貢献できるか」という問題意識を持って，テーマが近い研究者間だけでなく専門が異なる研究者間でも議論を重ねることで，個人の力量に頼るのみでは限界がある大きく複雑な社会課題解決もチームを構成することで成し遂げることが可能になるとも考えられる．これは個人の意識に委ねるのではなく，誰もが同じ問題意識を持ち続けることで達成し得ることである．研究者には発想力や想像力が求められるため，研究活動は自由であることが基本だが，一方で，そのキャリアを開始するに先立ち，大きく複雑な社会課題解決に向けた目的意識の醸成を図っていくことも重要になっているのではないかと考えられる．例えば，大学の教養年次に有望な未来の研究者に向けた「連携課題設定力」を高めるための講義を設定・充実させることは，大きな課題設定を可能とする一案とはならないであろうか．連携課題設定力の強化に向けては，「自分ごと」として捉えられる身近な課題から議論を発展させ，解決すべき社会課題にまで昇華させた上で，課題を因数分解して必要な専門分野を特定する

ような取組が有効と考えられる．アプローチは異なるが，これに近い取組が2023年度春学期に行われている．未知の領域へ踏み出すためのモチベーション・マネジメント，その一手法として連携・融合の仕組み・仕掛けのアップデートが必要となることは言うまでもない．ただ，誰かが又はどこかが牽引し，実行していく必要がある．デジタル時代においては，若い世代がその時代に即した手法で先導していける状況を作り出すことができるのかもしれない．

8-5　残された課題

　本研究では論文引用ネットワーク分析を中心的手法としているが，論文やその引用関係又はその加工情報から得られる示唆にも限度があることは確かである．例えば，引用・被引用関係は当該研究に関連する論文の繋がりを表現するが，繋がりの度合いは遠近あって一様ではない．自らの研究課題と直接関連する場合もあるし，そうでない場合もある．すなわち，引用・被引用関係だけでコミュニティを完全に表現できる訳ではない．

　また，論文引用においては被引用数が発表後すぐに高くなるもの，時間が経ってから高くなるものがある．現在の論文データセットには将来被引用数が高くなる論文が含まれている可能性もあり，留意が必要である．

　さらに，論文引用ネットワーク分析によりある研究分野の最先端で何が起こっているかを可視化できたとしても，それだけで示唆を得るには十分ではなく，当該分野に知見のない者が理解するには当該分野においてキーワードとなる専門用語を一定程度知っておく必要がある．当該分野に精通するまで行かずとも，ある程度深く関わっていかないと理解に至ることが困難である．既述のとおり，分野を特定して当該分野の最新の論文を読み込む，学会に参加して最新動向を把握するなど，人の介在が不可欠となる．

　この他，技術の概念が先行し，言葉が遅行する場合もあることに留意が必要である．すなわち，注目すべき先端研究であるものの，その時点では新規性やインパクトが明確になっておらず，後になって意義が広く知れ渡るようになるケースである．このような場合には，一定程度の期間が経過してから当該技術を表現する専門用語が学術論文に現れるようになるため，

論文引用ネットワークのクラスタリングによるトピック分析からは，エマージングテクノロジーとして早期に捕捉することは困難である．

　論文の検索・抽出手法についても，所望の論文を得る（検索結果の精度を上げる）には相当の工夫・技術が必要になる．3-2-1 で述べたとおり，どれだけ厳密さを追求してもノイズは含まれ，正確さに限度があることは数多くの実験を通じて分かっている．このため，本研究では全体像を把握するため厳密さより簡易さを優先して分析を進め，これ以上の深掘りは避けることとした．ただ，実際には検索技術に関する研究はそれ自体一つの大きな論文となるテーマである．

　最近は "Elicit" のような AI 技術を用いた論文検索のアプリケーションも出現し，希望に近い論文が検索されるようになっており，先行研究となる論文を検索する際に役に立ったことは事実である．しかしながら，本研究のように特定の技術融合を内容とする論文を抽出しようとすると，容易ではない．実際 'house' and 'artificial intelligence' で検索すると，warehouse, household, greenhouse といった住宅産業に AI を適用する話題とはかけ離れた内容の論文が抽出されていることが分かったため，そのような論文を取り除く必要が生じた．論文検索技術一つを取っても，本研究のモデルには限度があることは確かである．

　以上の他，観点は異なるが，トピック分析が政策立案に実際に役に立つには，産学連携という枠組から産学官連携という一段大きな枠組に拡げることが必要になる．本研究においては，学術機関の範疇に産総研や理化学研究所（理研）などの国の研究機関を官の区分として含めてはいる．ただ，研究ではなく政策立案に携わる者が直接トピック分析に関与し，特定の研究課題にある程度踏み込んで，主要な研究者，組織間の繋がり，各研究グループが取り組むテーマの特徴など，その世界を拡げながら先端研究プロジェクトを立案することが重要となる．このことは本研究に収まり切らない研究課題となるため，発展課題として別途検討を進めることとしたい．

8-6 今後の展望

　大規模論文データベースを使ってイノベーションの最先端で何が起きているか，その 5W1H をできるだけ容易に可視化しようという試みが本研究の主眼であり，その目的は一定程度達成された．一方で，対象とする事象をどの断面で切り取ってその世界をできるだけ忠実に再現するかという作業を行っているため，いくつか制約が生じることは否めない．8-5 にて課題については触れているが，本研究を通じて感じたことを以下にまとめ今後の展望として締め括りたい．

　本研究においては，注目される論文の指標として被引用数に着目し，被引用数の高い論文からソートすることで注目度の高い論文が何かを特定するとともに，その時系列での推移も確認した．また，論文の引用・被引用関係を用いたネットワーク分析によりコミュニティ毎にトピック，著者所属組織等の変遷を可視化する一方，被引用数を紐付けることで，どの組織組合せがどのトピックに注力しているかなど，注目される論文，研究課題の推移について解像度を上げて確認することができた．その結果，研究現場においてどのような構造変化が起こっているかを推定することも可能となった．本モデルを用いてこのようなミクロ分析を実施する場合には，現場情報（学会に参加する等により得られる生情報）に近付くことで理解が深まることにも触れた．

　一方で，本研究のように解像度を上げようとすればするほど，モデルとしての粗（あら），限界が見えてくる．本研究では，タイトル，キーワード，概要において識別子を含む論文を抽出しているが，識別子で取捨選択がなされ，例えば概要において例として分野を挙げているだけなら期待していない論文が抽出され得る．反対に，タイトル，キーワード，概要に識別子が含まれないため抽出されるべき論文が抽出されないこともある．設定した識別子の妥当性を突き詰めていくにしても限度がある．したがって，モデル化は近似であって現実そのものではないと，一定の割り切りが必要

となる.

　それでは，解像度を上げてもモデルとしての粗，限界が見づらくなるためには，つまりできるだけモデルの精度を高めるためにはどのようにすれば良いであろうか．その点を掘り下げることで新たな展望が見えてくるようにも思われる．精緻化の一つの方向性としては，識別子の検索対象として，論文のタイトル，キーワード，概要だけでなく本文そのものを分析することである．これは半導体技術（微細化，3D化等）の進展に伴うコンピュータ技術の発展により，より大規模なビッグデータを取り扱えるようになることで達成される.

　また，AIによるコンテクストの把握もモデルの精度を高めるための方策の一つである．既述のとおり，特定の識別子を使用する場合，概要に例としてその分野が記載されているような場合には，意図しない論文が抽出される可能性がある．逆に，タイトル，キーワード，概要に識別子が含まれていないために，抽出されるべき論文が抽出されないこともある．AI/NLPの進化形である生成AIによる文脈理解は，論文の検索・抽出を高度化する方策の一つである．これにより，意図どおりの論文抽出が可能となり，モデルの精度が向上することが期待される.

　「モデルを現実に近付ける」ことは科学の取組そのものかもしれず，科学の発展，本研究で言えば，半導体・コンピュータ技術，AI技術の進展に伴いできることが拡大し，モデルを更に現実に近付けられるものと考えられる．科学の発展に終わりはなく，論文数の増加，内容の深化が続いても，技術の一層の進展によりモデルは益々現実に近付くのであろう.

おわりに

　我が国は伝統的にものづくり産業の競争力が強く，ものづくり自体が日本人の気質に合致しているとも言われていた．一方で，様々な要因により産業の盛衰は起こり得る．例えば日本の半導体産業は日米半導体摩擦の影響もあり，1980年代当時の勢いは大きく削がれた．半導体に限らず家電製品などエレクトロニクス分野は我が国が世界を席巻する時期もあったが，現在は隣国の勢力拡大の影響で当時のような状況にはない．部材産業は引き続き競争力を有しているが，やはり隣国の台頭により我が国の相対的なポジションは低下傾向にある．残念ではあるが，我が国ではものづくり研究で挙げた成果が必ずしも日本企業による事業の拡大に繋がっていない．

　一方で，1990年代以降，インターネット等の発展もあり広義のITは進展し，その結果，多くの国と同様，産業に占める情報通信の比重が高まっていった．ただ，我が国では得意なものづくりへのこだわりも手伝ってかハード起点の発想が根強く，ソフトが主導する状況は生じにくかった．また，日本では概してボトムアップに物事を考えがちで，欧米のようなコンセプトからのトップダウン発想に親しんでいないためか，IT・AI起点での思考にはなりにくかった．ボトムアップとものづくり，トップダウンとIT・AIにそれぞれ関係性があると実証されている訳ではないが，筆者は少なからぬ相関があるのではないかと見ている．

　また，筆者は勤勉な国民性がAIを学問分野と認知すること，虚業とまでは言わないまでも，AI産業をものづくり産業と同じような実業と見做すことを妨げてきたのではないかと考える．「職に貴賤なし」と言われる．本来的には学問分野，産業分野とも分野間に貴賤なく平等に尊重するべきだが，国民気質からかAI分野をものづくりと同等に取り扱うことは難しかったのではないであろうか（今はAIの有用性が広く認められるようになり，ノーベル賞受賞対象ともなっていて状況は一変している）．

そのように考えると，日本人はIT発想・AI重視で物事を考えるにも限界があり，それが故にAI分野において日本は大国に大きく水をあけられ，AI後進国と言われる状況になっているのではないか，となる．本当にそうであろうか．ここで言いたいことは，見方によっては，我が国はAI・デジタル分野の伸び代が大きいということであり，考えようによって，またやりようによってはキャッチアップ，発展の余地は十分にあるということである．幸い，我が国ではものづくりの強かった時代から時は変遷し，デジタルネイティブの若い世代がどんどん活躍するようになっている．

それでは放置しておいても日本のAIは発展するかというとそういうことにはならない．安全重視でリスク回避的な規制がイノベーションを阻害することは歴史が証明するところであり，アグレッシブでリスク許容的な対応が求められることは論を俟たない．政策面でのある種のテコ入れが必要となるが，ケースによっては，政策が日本の国民気質に合っているか，合っていないとしたらどのように工夫すべきかを考える必要がある．

2004年の国立大学法人化に先立ち，知的財産の活用，産学連携の推進が謳われるようになっていった．ただ，リスクゼロを求める潔癖，清廉潔白な国民性からか，どこまで思い切って突き進んで良いかためらいが生じ，少しずつ前進しつつも石橋を叩いてなかなか渡れないような状態が長く続いていたのではないだろうか．一歩先に進むには，自分だけでなく周りも皆同じ考えで先に進んでも支障ないことを念入りに確認し，また，必要な場合には国にお伺いを立てて，前進しても良いと安心する．ここまでは慎重に対応していると言えるが，問題は振り幅の大きさである．小さい一歩では漸進はしても飛躍は望めない．

2010年代半ばになって，国立大学法人，研究開発法人とも外部資金確保の要請もあり産学連携を大幅に進める（数値）目標を掲げるようになった．トップ外交によりトップどうしで合意することで，組織対組織の大型の産学連携も進展した．ただ，特に大学内部は必ずしも一枚岩ではない．憲法上の学問の自由を盾に，学術は神聖で不可侵な領域であるとまでは言

わずとも様々な考え方があり，構成員が皆同じように民間企業との連携推進を歓迎している訳ではない．ではどのようにすれば産学連携がより発展し，産学融合という状況を作り出すことができるのか（産学融合という言葉の是非を議論しなければならなくなるが，ここでは産学連携の発展形と定義するに留めておく）．

　意識改革は重要だが掛け声だけでは先に進めることは無理で，一朝一夕にどうにかなるものでもない．モチベーションをドライブさせる何らかの仕掛けが必要となる．まずほつれを紐解いていき問題の本質を突き止め，その問題に対処する対応策の選択肢を列挙しどれが適切か吟味する．そこに日本人気質，日本の国民性に合致しているかとの視点を加えることが肝要となる．時と場合によるが，筆者は政策において日本人気質に即した対応の仕方，日本の国民性に合った方策がどのようなものかに着目する必要があるのではないかと考えている．特に海外から理念や考え方を持ち込む場合にはその重要性が増す．現代版の和魂洋才であり，日本人に合った政策のファイン・チューニングである．そうすることで，対処療法でなく手術により根本原因を除去することができ，改善でなく改革に繋がる可能性が高まる．大きな一歩を踏み出したり，一段の高みに登れたりする．

　具体例が，本文中にも取り上げた一つの利益相反である．

　利益相反（Conflict of Interest）は利害が対立する状況，例えば，所属する大学の利益と他企業に属する個人の利益とがぶつかり合う状況を意味し，大学にはこの状況を管理することが求められている．先の産学連携も利益相反の管理対象となる．

　もう少し現場にフォーカスした具体例を挙げる．大学の教授が自らの理論研究の成果を社会実装すべく起業したスタートアップ企業が研究室に据えられている研究機材を使用するケースを想定する．大学の構成員には企業の利益より大学の利益を優先させることが求められるが，企業の実用化用途に研究機材を使用すれば，本来であれば大学の研究用途で使用してい

る時間に研究ができない状況が生じ得る．つまり，大学の理論研究とベンチャー企業の実用化研究との間で利害が対立する状況（利益相反の状態）にあり管理が求められる．

　このようなケースについてはどのように管理するのが適切と言えるであろうか．日本では仮にそれが問題になったらどうするかとの議論から始まり，スタートアップ企業が研究室の研究機材を使用するのを止めようという方向に議論が進みがちである．ただ，研究機材が特殊なもので，資力に乏しいベンチャー企業が研究成果の実用化において使わなければ先に進めないような場合はどのように考えたら良いであろうか．研究機材には大学の研究用途に24時間，365日使い続けられている場合を除き空き時間があるはずである．そのような空き時間に企業の研究成果の実用化用途で使用するとして否定されるべきであろうか．例えば，一定の対価（株式による場合でも）を支払った上で，研究の妨げにならない範囲での使用を認めるなど一定の条件を付して企業の実用化用途に使用することはあり得るのではないか．

　教育基本法では2006年の改正により，「深く真理を探究して新たな知見を創造し，これらの成果を広く社会に提供することにより，社会の発展に寄与する」と謳われるようになった．研究推進と社会実装はどちらも法の目指す方向であり，どちらかが優先されなければならないということにはなっていない．つまり，研究推進と社会実装は調和ある形で両立することが求められるべきである．このような原点に立ち帰れば，研究成果の実用化，社会実装を目指すベンチャー企業は研究室の研究機材を「原則使用可能」とすべきである．ただし，利益相反マネジメントとして「研究推進に支障となる場合を除く」との条件を付することにすれば研究自体と実用化の両立が図られるはずである．ハーバード大学を始め米国の大学では原則と付帯条件が明確である．

　このような議論は今始まった訳ではなく，過去から止まない議論である．ただ，現状打破に向けて一歩先に動かすことがなかなか困難な事例である．繰り返しになるが，結局現場に近くなればなるほど何かあったらどうしよ

うとの議論が先立ち，誰かが責任を取ることを避けようとなるのは当然である．したがって，然るべき者が責任を持ってどこかで線引きすることが求められる．

　では，どのようにすれば然るべき者が責任を持って線引きできるようになるであろうか．それをサポート，後押しするようなことは必要ないであろうか．

　誤解を恐れずに言うと，全て大学任せにしてもなかなか上手くいかないことが多いのではないか．上手くいく場合は良いが，そうでない場合には国が基本的には○○して良いと方向性を明確に伝えることで大学としては安心して物事を先に進めることができるのではないか，ということになる．利益相反はその最たる例であり，米国とは異なり日本では大学任せにした瞬間に思い切ってスイングできなくなってしまう．もっと簡単に言うと，何某かのガイドがない限り問題のない方向，つまり石橋を何度も叩いて橋を渡らない方向に議論が行きがちになる．国民性として，清廉潔白でリスクゼロを求める傾向があり，現場に責任が課されるとしたら，現場ではやってみることでリスクを負うのであればやらないでリスクを負わない方向にどうしても考えてしまう．

　したがって，例外はあるにしても原則やって構わない，ここまでならやって良いなどとまず大学側で決めたとしても，大学側で対応が困難な場合には国がガイドライン，目安あるいは事例を示す必要があるのではないか，ということになる．自発的な安全弁が作動しないよう，安全弁の許容範囲を広げるということである．もちろん，大学の自律性が損なわれないよう，ガイドラインや目安といった場合，厳格に白黒を決めるのではなく，幅を持って示すこともあるだろう．これまでもやってきていると言えばそうかもしれないが，実際に物事を大きく動かすには，この絶妙なバランス，阿吽の呼吸が重要と言える．大学が法律上自らできると担保されているのだから大学で自主的に取り組めば良いではないかと言っても，実際は言うは易し行うは難しである．大学の対応状況を見て国がどうしたら先に進める

か検討し対策を講ずる．この間合いの取り方，詰め方が重要になる．

　AIについては，日本はその有用性に目を向け欧州とは異なるソフトローのアプローチを取ってきた．このように国のスタンスが明確になると，AIは学術界，産業界の様々な分野により一層浸透し，また，行政でも有効活用されていくことになるであろう．

　AIの可能性・潜在性は計り知れない．ただ一方で，AIは悪用の恐れもあるため，負の側面にも目を向けることが必須である．知的財産権侵害，機密情報・個人情報漏洩，偽情報拡散，場合によっては犯罪への悪用，軍事応用など様々なリスクへの対応が必要である．最近は，AIのリスク懸念から法制化の方向に舵が切られつつある．

　2024年1月，ダボス会議の開催期間中，ダボスのメインストリート沿いにはAIを標榜する企業等のパビリオンが軒を連ねていた．その一つとしてAI House Davosが開催され，東京大学は6つの主催者（Initiator）の一つとして参加した．AIの正負双方の側面に焦点を当て5日間に亘り毎日10近くのセッションが開催された．一歩先に進むにはどのようにすれば良いか，産学官に加え政の関係者も一堂に会して議論する．このような制約を感じず自由闊達に議論を行える場の設定は，人類の難題に取り組む大きな一歩になると考える．AI House Davosは2025年も開催されている．

あとがき

　本研究を行うに当たり，指導教官である東京大学大学院工学系研究科技術経営戦略学専攻の坂田一郎教授には，研究テーマの設定，研究の方向付け，最新の学術情報の共有，学会発表の指南など，常に適時適切なご指導，ご助言をいただきました．感謝の念に堪えません．また，本書を審査いただいた和泉潔教授，田中謙司准教授，森純一郎准教授，芳川恒志特任教授には様々な視点からご指摘をいただき，多くの気付きを得ることができました．深く感謝しております．一人で進めるとどうしても視野が狭くなってしまうところ，指導教官，審査いただいた先生方のご指導のお陰で，研究を掘り下げるだけでなく研究を俯瞰的に進めることにも繋がったと実感しています．まさにご指導の賜物と改めて感謝申し上げる次第です．

　本研究を進める過程で，元上司である産業技術総合研究所人工知能研究センターの辻井潤一センター長には長年自然言語処理研究に取り組まれてきたからこそ知り得る立場から，大変貴重なコメントをいただきました．心から感謝申し上げます．

　いわゆる社会人学生として限られた時間の中ではありましたが，継続的に研究活動を行ってこられたのは坂田研究室の関係の皆様のお陰です．浅谷公威特任講師には常にピンポイントかつ重要な助言をいただきましたし，山野泰子講師には入学当初研究室のネットワーク分析システムの使い方を教示いただきました．同じ博士課程の三浦崇寛さんには学内コンピュータ，データベースへのアクセスの仕方から Python プログラミングの要諦まてとても貴重な助言をいただきました．アドバイスのお陰で，学部・修士時代に習得したプログラミング技法を思い起こしつつも，自身で分析のためのコーディングができるようになりました．大知正直特任研究員には研究会の発表で闊達に議論いただきましたし，博士課程を修了した磯沼大さん

には博士論文を執筆するに際して貴重な助言をいただきました．事務手続きでは佐藤妙子さんにいつも迅速かつ丁寧にご対応いただきました．皆様に深く感謝する次第です．

工学部3号館は学部時代を過ごした場所であり，2019年秋に入学した頃はここでまた研究に取り組めると不思議な縁を感じていました．しかしながら，翌年春から新型コロナが蔓延し，研究活動に制約が課される懸念が生じました．それでも，オンラインでの研究会開催，コンピュータへのリモート・アクセスなど研究環境を整備していただいたお陰で，ほぼ不自由なく博士論文を仕上げるまでに至りました．

経済産業省かつ坂田（松島）研究室の先輩である橋本正洋東京工業大学教授（当時），古瀬利博安川電機理事（当時）には入学前に多々ご助言をいただきました．お二人の貴重な助言がなければこのような機会を得ることは叶いませんでした．指南いただいたこと，厚くお礼申し上げます．

最後に，家族，特に妻恵の支え，応援がなければここまで至ることはできませんでした．送ってくれたエールは間違いなく研究の推進力になりました．一方で，週末・休日を中心に研究活動に取り組んできたことから，家族との大切な時間が犠牲になっていたことは否めません．それでも辛抱強くも温かく見守ってくれた家族，妻恵，長男龍一，長女日菜子に改めて感謝するとともに，おそらく博士まで進んだことを驚きをもって見守ってくれているであろう今は亡き両親に本書を捧げます．本当に有り難うございました．

参考文献

T. Goji, Y. Hayashi, and I. Sakata, "Evaluating 'startup readiness' for researchers: case studies of research-based startups with biopharmaceutical research topics," *Heliyon*, vol. 6, no. 6, Jun. 2020, Art. no. e04160.

S. Fortunato, C. T. Bergstrom, K. Börner, J. A. Evans, D. Helbing, S. Milojević, A. M. Petersen, F. Radicchi, R. Sinatra, B. Uzzi, A. Vespignani, L. Waltman, D. Wang, and A. Barabási, "Science of science," *Science*, vol. 359, no. 1007, Mar. 2018, Art. no. eaao0185.

A. Porter and I. Rafols, "Is science becoming more interdisciplinary? Measuring and mapping six research fields over time," *Scientometrics*, vol. 81, no. 3, pp. 719–745, 2009.

S. Chen, C. Arsenault, and V. Lariviere, "Are top-ceted papers more interdisciplinary?" *J. Informetr.*, vol. 9, pp. 1034–1046, 2015.

C. S. Wagner, J. D. Roessner, K. Bobb, J. T. Klein, K. W. Boyack, J. Keyton, I. Rafols, K. Börner, "Approaches to understanding and measuring Interdisciplinary scientific research (IDR): a review of the literature," *J. Informetr.*, vol. 165, pp. 14–26, 2011.

C. Federico, "Technology fusion: Identification and analysis of the drivers of technology convergence using patent data." *Technovation*, vol. 55–56, pp. 22–32, 2016.

R. H. Bark, M. E. Kragt, and B. J. Robson, "Evaluating an interdisciplinary research project: Lessons learned for organisations, researchers and funders," *Int. J. Proj. Manage.*, vol. 34, pp. 1449–1459, 2016.

A. Ávila-Robinson, C. Mejia, S. Sengoku, "Are bibliometric measures consistent with scientists' perceptions? The case of interdisciplinarity in research." *Scientometrics*, vol. 126, pp. 7477–7502, 2021.

F. Caviggioli, "Technology fusion: Identification and analysis of the drivers of technology convergence using patent data," *Technovation*, vol. 55–56, pp. 22–32, 2016.

E. Cunningham, B. Smyth, D. Greene, "Collaboration in the time of COVID: a scientometric analysis of multidisciplinary SARS- CoV-2 research," *Nature, Human. Soc. Sci. Commun.*, vol. 8, 2021, Art. no.

240.

M. Eisenstein, "SEVEN TECHNOLOGIES TO WATCH IN 2022: Our fifth annual round-up of the tools that look set to shake up science this year," *Nature*, vol. 601, pp. 658–661, Jan. 2022.

K. Okamura, "Interdisciplinarity revisited: evidence for research impact and dynamism," *Nature, Palgrave Commun.*, 5, 2019, Art. no. 141.

Z. Zhao, J. Rollins, L. Bai, and G. Rosen, "Incremental Author Name Disambiguation for Scientific Citation Data", in *2017 IEEE DSAA*, Tokyo, Japan, Oct. 2017, pp. 175–183.

L. Leydesdorff and I. Rafols, "A Global Map of Science Based on the ISI Subject Categories," *J. Am. Soc. Inf. Sci. Technol..*, vol. 60, no. 2, pp. 348–362, 2009.

R. Klavans and K. W. Boyack, "Identifying a Better Measure of Relatedness for Mapping Science," *J. Am. Soc. Inf. Sci. Technol.*, vol. 57, no. 2, pp. 251–263, 2006.

K. Fujita, Y. Kajikawa, J. Mori, and I. Sakata, "Detecting research fronts using different types of weighted citation networks," *J. Eng. Technol. Manage.*, vol. 32, pp. 129–146, 2014.

T. Ciarli, M. Kenney, S. Massini, and L. Piscitello, "Digital technologies, innovation, and skills: Emerging trajectories and challenges," *Res. Policy*, vol. 50, 2021, Art. no. 104289.

P. C. Johnson, C. Laurell, M. Ots, and C. Sandstrom, "Digital innovation and the effects of artificial intelligence on firms' research and development — Automation or augmentation, exploration or exploitation?" *Technol. Forecast. Soc. Change*, vol. 179, 2022, Art. no. 121636.

A. L. Porter, J. Garner, S. F. Carley, and N. C. Newman, "Emergence scoring to identify frontier R&D topics and key players," *Technol. Forecast. Soc. Change*, vol. 146, pp. 628–643, 2019.

C. Yang, "How Artificial Intelligence Technology Affects Productivity and Employment: Firm-level Evidence from Taiwan," *Res. Policy*, vol. 51, 2022, Art. no. 104536.

F. Martrtínez-Plumed, J. Hernández-Orallo, and E. Gómez, "Tracking the Impact and Evolution of AI: The AIcollaboratory," in the 1st International Workshop on Evaluating Progress in Artificial Intelligence - *EPAI 2020*, Santiago de Compostela, Spain, Sep. 2020. [Online] Available: https://dmip.webs.upv.es/EPAI2020/papers/EPAI_2020_paper_3.pdf

"GPT-4 Technical Report," OpenAI, San Francisco, CA, USA, Tech. Rep., Mar. 2023. [Online]. Available: https://cdn.openai.com/papers/gpt-4.pdf

E. Callaway, "WHAT'S NEXT FOR THE AI PROTEIN-FOLDING REVOLUTION: AlphaFold, software that can predict the 3D shape of proteins, is already changing biology," *Nature*, vol. 604, pp. 234–238, Apr. 2022.

R. Kapoor and D. J. Teece, "Three Faces of Technology's Value Creation: Emerging, Enabling, Embedding," *Strategy Sci.*, vol. 6, no. 1, pp. 1–4, Mar. 2021.

P. Schneider, W. P. Walters, A. T. Plowright, N. Sieroka, J. Listgarten, R. A. Goodnow Jr., J. Fisher, J. M. Jansen, J. S. Duca, T. S. Rush, M. Zentgraf, J. E. Hill, E. Krutoholow, M. Kohler, J. Blaney, K. Funatsu, C. Luebkemann and G. Schneider, "Rethinking drug design in the artificial intelligence era," *Nature Reviews, DRUG DISCOVERY*, vol. 19, pp. 353–364, May 2020.

Y. LeCun, L. Bottou, and Y. Bengio, and P. Haffner, "Gradient-Based Learning Applied to Document Recognition," *Proc. of the IEEE*, pp. 2278–2324, 1998.

R. Dale, "GPT-3: What's it good for?" Natural Lang. Eng., 27, pp. 113–118, 2021.

Z. Liu, R. A. Roberts, M. Lal-Nag, X. Chen, R. Huang, and W. Tong, "AI-based language models powering drug discovery and development," *Drug Discov. Today*, vol. 26, no. 11, pp. 2593–2607, Nov. 2021.

R. Rodríguez-Pérez and J. Bajorath, "Chemistry-centric explanation of machine learning models" *Artificial Intell. in the Life Sci.*, vol. 1, 2021, Art. no. 100009.

S. Ibrihich, A. Oussous, O. Ibrihich, and M. Esghir, "A Review on recent research in information retrieval" *Procedia Comput. Sci.*, vol. 201, pp. 777–782, 2022.

H. Guo, "DeepFM: A Factorization-Machine based Neural Network for CTR Prediction," in *the 26th IJCAI*, Melbourne, Australia, Aug. 2017, pp. 1725–1731.

I. Tenney, D. Das, and E. Pavlick, "BERT Rediscovers the Classical NLP Pipelines," in *ACL 2019*, Florence, Italy, Jul-Aug. 2019, pp. 4593–4601.

S. Lai, L. Xu, K. Liu, and J. Zhao, "Recurrent Convolutional Neural Networks for Text Classification," in *29ᵗʰ AAAI*, TX, USA, Jan. 2015, pp. 2267–2272.

H. Liu, K. Simonyan, and Y. Yang, "DARTS: DIFFERENTIABLE ARCHITECTURE SEARCH," in *ICLR2019*, LA, USA, May 2019. [Online]. Available: https://openreview.net/attachment?id=S1eYHoC5FX& name=pdf

L. Przybilla, K. Klinker, M. Lang, M. Schreieck, M. Wiesche, and H. Krcmar, "Design Thinking in Digital Innovation Projects—Exploring the Effects of Intangibility," *IEEE Trans. Eng. Manage.*, vol. 69, no. 4, pp. 1635–1649, Aug. 2022

Y. Yin, J. Gao, B. F. Jones, and D. Wang, "Coevolution of policy and science during the pandemic: Recent, high-quality science is being heard, but unevenly," *Science*, vol. 371, no. 6525, pp. 128–130, Jan. 2021.

T. Bordoloi, P. Shapira, and P. Mativenga, "Policy interactions with research trajectories: The case of cyber-physical convergence in manufacturing and industrials," *Technol. Forecast. Soc. Change*, vol. 175, 2022, Art. no. 121347.

A. Szalavetz, "Industry 4.0 and capability development in manufacturing subsidiaries," *Technol. Forecast. Soc. Change*, vol. 145, pp. 384–395, 2019.

D. Guellec and C. Paunov, "INNOVATION POLICIES IN THE DIGITAL AGE," *OECD SCIENCE, TECHNOLOGY AND INDUSTRY POLICY PAPERS*, Nov. 2018. [Online]. Available: https://www.oecd-ilibrary.org/docserver/eadd1094-en.pdf?expires=1684613441&id=id&accname=guest&checksum=40F699BC50E28D0DC18AC6DC8BDB61A4

J. Lane and S. Bertuzzi, "Measuring the Results of Science Investments," *Science*, vol. 331, no. 6018, pp. 678–680, Feb. 2011.

N. A. Coles, J. K. Hamlin, L. L. Sullivan, T. H. Parker, D. Altschul, "Build up big-team science," *Nature*, vol. 601, pp. 505–507, Jan. 2022.

M. Hashimoto, Y. Kajikawa, I. Sakata, Y. Takeda, and K. Matsushima, "Academic Landscape of Innovation Research and National Innovation System Policy Reformation in Japan and the United States," *Int. J. Innov. Technol. Manage.*, vol. 9, no. 6, 2012, Art. no. 1250044.

C. A. O'Reilly III and M. L. Tushman, "Organizational Ambidexterity in Action: How Managers explore and exploit," *Calif. Manag. Rev.*, vol. 53, no. 4, pp. 5-22, 2011.

"Schumpeter ┆ The emporium strikes back Platforms are the future-but not for everyone," *The Economist*, vol. 419, no. 8990, p. 58, May 2016.

H. Chesbrough, "The governance and performance of Xerox's technology spin-off companies," *Res. Policy*, vol. 32, pp. 403-421, 2003.

E. Enkel, M. Bogers, and H. Chesbrough, "Exploring open innovation in the digital age: A maturity model and future research directions," *R&D Manage.*, vol. 50, no. 1, pp. 161-168, 2020.

A. Cavallo, A. Ghezzi, C. Dell'Era, and E. Pellizzoni, "Fostering digital entrepreneurship from startup to scaleup: The role of venture capital funds and angel groups," *Technol. Forecast. Soc. Change*, vol. 145, pp. 24-35, 2019.

S. Magistretti, C. Dell'Era, and A. M. Petruzzelli, "How intelligent is Watson? Enabling digital transformation through artificial intelligence," *Bus. Horiz.*, vol. 62, no. 6, pp. 819-829, 2019.

ジャック・アタリ. 2030 年ジャック・アタリの未来予測　不確実な世の中をサバイブせよ！(Jacques Attali Vivement apres-demain!)　林昌宏訳. プレジデント社, 2017.

ピーター・ディアマンディス, スティーブン・コトラー. 2030 年全てが「加速」する世界に備えよ (The Future is Faster than You Think. How Converging Technologies are Transforming Business, Industries, and Our Lives). 土方奈美訳. ニューズピックス. 2020.

マイケル・ウェイド, ジェフ・ルークス, ジェイムズ・マコーレー, アンディ・ノロニャ. 対デジタル・ディスラプター戦略　既存企業の戦い方 (DIGITAL VORTEX How Today's Market Leaders Can Beat Disruptive Competitors at Their Own Game). 根来龍介監訳, 武藤陽生, デジタルビジネス・イノベーションセンター訳. 日本経済新聞出版社, 2017.

ケヴィン・スコット, グレッグ・ショー. マイクロソフト CTO が語る新 AI 時代　AI をすべての人の利益のために (Reprogramming the American Dream: From Rural America to Silicon Valley — Making AI Serve US all). 高崎拓哉訳. ハーパーコリンズ・ジャパン, 2021.

マーティン・フォード. 松本剛史訳. AI はすべてを変える (Rule of the Robots: How artificial intelligence will transform everything). 日経 BP, 2022.

ジョナサン・A・ニー. 巨大テック企業の神話　無敵神話の嘘 GAFA+Netflix+X の勝者と敗者 (The Platform elusion: Who Wins and Who Loses in the Age of Tech Titans). 小金輝彦訳. CCC メディアハウス, 2022.

山崎知巳, 坂田一郎. デジタル融合時代における『両利き研究者』のインパクトに関する研究. 2022年度人工知能学会全国大会（第36回）. 1D5-GS-11-04. https://www.ai-gakkai.or.jp/jsai2022/c_program/proceedings/

山崎知巳. コロナ禍における産学連携の再定義―幅広い研究課題の探索―. 研究イノベーション学会第35回年次学術大会. 2020. 2C04.

林弘和. 計量書誌学から研究活動計量学へ.（特集：計量書誌学を超えて）. 情報の科学と技術, Vol. 64, No. 12, pp. 496–500, Dec. 2014.

一般社団法人 人工知能学会「AIマップ」（https://www.ai-gakkai.or.jp/resource/aimap/）（2023年2月5日アクセス）

内閣府, AI戦略2022（https://www8.cao.go.jp/cstp/ai/aistrategy2022_honbun.pdf）（2023年3月21日アクセス）

内閣府, AI戦略2021（https://www8.cao.go.jp/cstp/ai/aistrategy2021_honbun.pdf）（2023年3月21日アクセス）

内閣府, AI戦略2019（https://www8.cao.go.jp/cstp/ai/aistratagy2019.pdf）（2023年3月21日アクセス）

内閣府, 人工知能技術戦略（人工知能技術戦略会議とりまとめ 平成29年3月31日）（https://www8.cao.go.jp/cstp/tyousakai/jinkochino/6kai/sanko1.pdf）（2023年3月21日アクセス）

MIT, Schwarzman College of Computing（https://computing.mit.edu）（2023年7月27日アクセス）

付　録

付録 1　産学連携の識別子

〈Identifiers〉

l_co = ['Incorporated', 'Inc.', 'Inc', 'Company', 'Co.', 'co.', 'Ltd.', 'Corporation', 'Corp.', 'corp.', 'PLC', 'Public Limited Company', 'K. K.', 'Y. K.', 'LLC', 'L. P.', 'Gmbh', 'GmbH', 'AG', 'Facebook', 'Merck', 'Novartis', 'Microsoft', 'Google', 'AstraZeneka', 'Pfizer', 'Encysive Pharmaceuticals', 'GlaxoSmithKline', 'Becton Dickson', 'Vical', 'GE', 'AT and T', 'Lucent Technologies', 'Motorola', 'Booz Allen Hamilton', 'OpenAI', 'Applied Biosystems', 'NNAISENSE', 'Luca Technologies', 'Johnson and Johnson', 'Toyota', 'Siemens', 'Hewlett-Packard', 'Corning', 'Bayer', 'BBN Technologies', 'Illumina', 'Synoptics', 'Alta Business Unit', 'Dames & Moore', 'Cadence Design Systems', 'MDSI Mobile Data Solutions', 'MPR Teltech', 'Celera Genomics', 'GenetixXpress', 'New England Biolabs', 'Hankinson Consulting', 'Azienda Ospedaliera S. Croce', 'Pharmaceutical Research Associates', 'Medarex', 'SwitchGear Genomics', 'Ocala Oncology', 'Camitro UK', 'TATAA Biocenter', 'Sigma-Aldrich', 'Bell Communications Research', 'Pharmacia Leo Therapeutics Ab', 'Thomson-CSF', 'GeneDx', 'EPRI', 'Paragon Decision Technology BV', 'Merrill Lynch', 'Jefferson Lab', 'LAPP', 'Constellation Energy Commodities Group', 'Boehringer Ingelheim Pharmaceuticals', 'Statistics Collaborative', 'Cereon Genomics', 'Enthought', 'Osiris Therapeutics', 'Clopinet', 'NEC', 'Mitsubishi', 'Nokia', 'Nuxeo', 'MS 50', 'Group Health Cooperative', 'Royal Aircraft Establishment', 'Varian Medical Systems', 'Tom Lang Communications and Training', 'SRI International', 'Vasy group'] l_ac = ['University', 'Univ.', 'Universities', 'Universita', 'Università', 'Universität', 'Uniwersytet', 'Universiteit', 'Universite', 'Université', 'Unidade', 'Universidad', 'Universidade', 'université', 'College', 'Collège', 'Coll.', 'School', 'Scuola', 'Sch.', 'Institute', 'Institutes', 'Inst.', 'Institution', 'Istituto', 'Center', 'Centre', 'Ctr.', 'Laboratory', 'Laboratories', 'Lab.', 'Laboratori', 'Agency', 'Academy', 'Association', 'Asociación', 'Observatory', 'Observatoire', 'Observatorio', 'Observatories', 'Hospital', 'Hôpital', 'Clinic', 'Library', 'Museum', 'DARPA', 'NASA', 'USDA ARS', 'MIT', 'UCLA', 'Cornel Tech', 'RIKEN', 'FHI', 'Commissariat', 'Société Nationale', 'Wellcome Trust Genome Campus', 'HHMI', 'CERN', 'Fermilab', 'NOAA', 'Administration', 'CNRS', 'Unità', 'Department', 'Dept.', 'Dipartimento', 'Programme', 'Program', 'Network', 'Society', 'Institut', 'Instituto', 'Ministry', 'Min.', 'Ministério', 'Bureau', 'Committee', 'Council', 'Consiglio', 'Centro', 'Hosp.', 'MRC Biostatistics Unit', 'ETH Zürich', 'City', 'Organization', 'Organisation', 'Foundation', 'BNL', 'Campus', 'CSIC', 'JST', 'WTI', 'World Bank', 'World Baank', 'Division of Materials Sciences', 'EMBL', 'Weapons/Mat. Research Directorate', 'Hôp. Salpêtrière', 'UC Berkeley', 'EORTC', 'NDDO', 'GrassRoots Biotechnology', 'Saclay', 'ECMWF', 'RWTH Aachen', 'NHS Trust', 'Inselspital', 'International Obesity TaskForce', 'Nasjonalt Kunnskapssenter for Helsetjenesten', 'Massachusetts Eye and Ear Infirmary', 'Forschungszentrum Karlsruhe', 'Virginia Tech', 'VA Palo Alto Health Care System', 'Academisch Ziekenhuis Maastricht', 'CNR', 'CHU de Besançon', 'Grupo Fisica del Sólido', 'U. S. T. L.', 'Astrium Satellites', 'SUNY', 'UPF', 'New Jersey/Robert Wood Johnson M.', 'Fonds de Recherche en Santé du Québec-Gereq (FRSQ-GEREQ)', 'Division of Cancer Treatment', 'Kaiser Permanente, N. California', 'English Heritage', 'LIP6', 'Flagstaff Station', 'UMR5588 LIPhy', 'CLARITY Research Group', 'Policlinico San Matteo', 'Medizinische Hochschule Hannover', 'Sunnybrook/Women's Coll. Hlth. S. C.', 'Arizona Health Sciences Center', 'Deutsches Krebsforschungszentrum', 'IIT', 'Swerea IVF', 'APO', 'Brain Sciences Unit', 'TCU', 'Stichting Voor Fundamenteel Onderzoek der Materie (FOM)', 'Gtr. San Francisco Bay Area Chapter', 'S. California Permanente Med. Group', 'Azienda Ospedaliera S. Martino', 'ESTEC', 'INFN Sezione di Genova', 'KEK Japan', 'Sezione di Milano', 'Sezione di Roma Tre', 'TRIUMF', 'Theory Group', 'UJF', 'Cineca', 'ENPC', 'EPFL', '2nd Chair of Internal Medicine', 'China Medical Board of New York', 'GISED', 'Neurology Service', 'Hamilton Health Science', 'Working Group on Cardiovascular Research the Netherlands (WCN)', 'Estudios Clínicos Latino América', 'Klinikum Neukölln', 'Aberdeen Royal Infirmary', 'Guy's and St Thomas's Trust', 'Little Chesterford', 'MRC Unit the Gambia', 'National Blood Service', 'Welsh Blood Service', 'Clinique de Nancy', 'Sticares Cardiovasc. Res. Foundation', 'Global Medical Operations', 'KU Leuven', 'Max-Delbrück-Labor der MPG', 'Lehrst. für Entwicklungsgenetik', 'CENS', 'Kwame Nkrumah Univerity of Science and Technology', 'Legacy Health System', 'ESCP Europe', 'MSC 4255', 'France Télécom/CNET', 'Radcliffe Infirmary', 'Division of Pulmonary Medicine', 'IVIA', 'Camino de Vera', 'Chemical Defence Establishment', 'Zentrum der Physiologie', 'Isaac Newton Group', 'Bruyère Continuing Care', 'Faculté de Pharmacie', 'CEFRIEL', 'Thoraxcenter', 'INCA', 'Umweltforschungszentrum Leipzig-Hall']

付録2 ソースコード（抜粋）

〈Source code for abstraction（excerpts from the original)〉

import pandas as pd

SHARE_DIR = '/disks/qnap2/shared/scopus_2021/'

```
df_eidauym = pd.concat（[
    pd.read_pickle（SHARE_DIR+'/paper_detail/eid.pickle'),
    pd.read_pickle（SHARE_DIR+'/paper_detail/author.pickle'),
    pd.read_pickle（SHARE_DIR+'/paper_detail/afs.pickle'),
    pd.read_pickle（SHARE_DIR+'/paper_detail/ym.pickle'),
    pd.read_pickle（SHARE_DIR+'/paper_detail/title.pickle'),
    pd.read_pickle（SHARE_DIR+'/paper_detail/keywords.pickle'),
],axis=1）

df_cit = pd.read_pickle（SHARE_DIR+'/citations.pickle')
df_author = pd.read_pickle（SHARE_DIR+'/id_names/author.pickle')
df_af = pd.read_pickle（SHARE_DIR+'/id_names/af.pickle')

author_name_dict = df_author ['name'].to_dict（)
af_name_dict = df_af ['name'].to_dict（)

df_eidauym.author = df_eidauym.author.apply（lambda x: [author_name_dict.get（y,") for y in x] if type（x）==list else []）
df_eidauym.afs = df_eidauym.afs.apply（lambda x: [af_name_dict.get（y,") for y in x] if type（x）==list else []）

df_ab = pd.read_pickle（SHARE_DIR+'/abstract.pickle')
```

```python
df_ab ['eid_int'] = df_ab.index.map (lambda x: int (x.split ('-')
[-1]))
df_ab = df_ab.set_index ('eid_int')

df = pd.concat ([df_eidauym, df_ab], axis=1)

df = df.dropna (subset= ['abstract'])
# abstract 中の NaN を削除
df = df.fillna ('')

del df_eidauym
del df_ab

pd.options.display.float_format = '{:.0f}'.format
df ['citd'] = df_cit.target.value_counts ().astype (int)

df = df.fillna ({'citd': int (0)})
#df = df.dropna (subset= ['citd'])
# 各文書の被引用数 (上位から列挙)
df = df.sort_values ('citd', ascending=False)

s_co = set (l_co)
s_ac = set (l_ac)

df_com = df [df.afs.apply (lambda x: any (s in ' '.join ([str (n)
for n in x]) for s in s_co))]
df_com

df_co_ac = df_com [df_com.afs.apply (lambda x: any ([any ([sa
in str (j) for sa in s_ac]) & all ([sc not in str (j) for sc in s_co])
for j in x]))]
```

df_co_ac

dt_author_co_ac = dict (zip (df_co_ac.index, df_co_ac.author))
dt_af_co_ac = dict (zip (df_co_ac.index, df_co_ac.afs))
dt_af_co_ac = {k: [str (y) for y in v] for k, v in dt_af_co_ac.items
()}

#definitely most newest
同一リスト内重複要素（一つだけ）抽出関数の定義 =list_dif (list-list
(set (list)))
def list_dif (l):
    result = l.copy ()
    for v in list (set (l)):
        if v in result:
            result.remove (v)

    return list (set (result))

df_coac_temp = df_co_ac [df_co_ac.author.apply (lambda x: len
(x) > len (set (x)))]
print (len (df_coac_temp))

dt_author_coac = dict (zip (df_coac_temp.index, df_coac_temp.au-
thor))
dt_af_coac = dict (zip (df_coac_temp.index, df_coac_temp.afs))
dt_af_coac = {k: [str (y) for y in v] for k, v in dt_af_coac.items
()}

リストに重複要素があれば抽出し、著者毎にそのリスト上の順番を把握、
著者の所属先が産学両方であればデータを残す
df_coac = df_coac_temp [df_coac_temp.index.map (lambda x:

```
            any ([all ([any ([s in ''.join (j for j in [name_af for name_au,
name_af in zip (dt_author_coac.get (x), dt_af_coac.get (x)) if
name_au==v]) for s in s_co])]
    + [any ([any ([sa in j for sa in s_ac]) & all ([sc not in j for
sc in s_co]) for j in [name_af for name_au, name_af in zip (dt_au-
thor_coac.get (x), dt_af_coac.get (x)) if name_au==v]])]) for v in
list_dif (dt_author_coac.get (x))])
                                    )]
del df_coac_temp
df_coac
```

付録3　両利き研究者上位リスト（全体）

```
[('Ren S.',
  ('Microsoft Research', 'University of Science and Technology'),
  11450.0),
 ('Seung H.S.',
  ('Lucent Technologies', 'Massachusetts Inst. of Technology'),
  7753.0),
 ('Shelhamer E.', ('Inc.', 'University of California'), 6362.0),
 ('Hinton G.', ('Inc.', 'University of Toronto'), 4549.8),
 ('Lecun Y.A.',
  ('College of Dentistry', 'Facebook AI Research'),
  3838.8333333333335),
 ('Collobert R.',
  ('Idiap Research Institute', 'NEC Research Institute'),
  3807.0),
 ('Kavukcuoglu K.',
  ('College of Dentistry', 'NEC Research Institute'),
  3807.0),
 ('Kuksa P.', ('NEC Research Institute', 'Rutgers University'), 3807.0),
 ('Karpathy A.', ('Inc.', 'Stanford University'), 3314.0),
 ('Venugopalan S.', ('Inc.', 'University of Texas at Austin'), 1786.0),
 ('Cuadros J.', ('LLC', 'University of California'), 1786.0),
 ('Lawrence S.',
  ('NEC Research Institute', 'University of Queensland'),
  1568.0),
 ('Lawrence S.',
  ('IEEE, Industrial Hybrid Vehicle Applications', 'University of Queensland'),
  1568.0),
 ('Lawrence S.',
  ('IEEE, Industrial Hybrid Vehicle Applications', 'NEC Research Institute'),
  1568.0),
 ('Bengio Y.', ('Lucent Technologies', 'University of Montreal'), 1125.0),
 ('Brachman R.J.', ('BBN Technologies', 'Schlumberger SPT Center'), 884.0),
 ('Schmolze J.G.', ('BBN Technologies', 'Schlumberger SPT Center'), 884.0),
 ('Zhang T.', ('Baidu Inc.', 'China Rutgers University'), 863.0),
 ('Zhu J.',
  ('Guangzhou KangRui Biological Pharmaceutical Technology Company Ltd.',
   'Guangzhou Medical University'),
  655.0),
 ('Wang D.', ('Harvard Medical School', 'Inc.'), 618.0),
 ('Khosla A.', ('Inc.', 'Laboratory for Computer Science'), 618.0),
 ('Wang J.', ('Inc.', 'Northwestern University'), 604.0),
 ('Acharya T.', ('Arizona State University', 'Inc.'), 569.0),
 ('Isola P.', ('OpenAI', 'University of California'), 552.0),
 ('Sohn K.', ('NEC Research Institute', 'University of Michigan'), 546.0),
 ('Cheng Jung-Fu',
  ('California Institute of Technology', 'National Taiwan University'),
  528.0),
 ('Cheng Jung-Fu', ('Inc.', 'National Taiwan University'), 528.0),
 ('Cheng Jung-Fu', ('California Institute of Technology', 'Inc.'), 528.0),
 ('Cheng Jung-Fu', ('Inc.', 'Salomon Brothers Inc.'), 528.0),
 ('Cheng Jung-Fu',
  ('California Institute of Technology', 'Salomon Brothers Inc.'),
  528.0),
```

付録4 両利き研究者上位リスト（大学別）

【University of Toronto】

('Hinton G.', ('Inc.', 'University of Toronto'), 4549.8)
('Goldenberg A.A.', ('IEEE, Industrial Hybrid Vehicle Applications', 'University of Toronto'), 185.0)
('Goldenberg A.A.', ('Engineering Services Inc. (ESI)', 'University of Toronto'), 185.0)
('Katz S.', ('Aporia Consulting Ltd.', 'University of Toronto'), 94.0)
('Liao R.', ('Inc', 'University of Toronto'), 93.5)
('Urtasun R.', ('University of Toronto', 'Vector Institute for Artificial Intelligence'), 68.66666666666667)
('Ren M.', ('Inc', 'University of Toronto'), 56.5)
('Yang B.', ('Inc', 'University of Toronto'), 54.666666666666664)
('Wainberg M.', ('Deep Genomics Inc.', 'University of Toronto'), 53.0)
('Mattyus G.', ('Inc', 'University of Toronto'), 51.0)
('Hafner D.', ('University of Toronto', 'Vector Institute for Artificial Intelligence'), 46.0)
('Urtasun R.', ('Inc', 'University of Toronto'), 43.92857142857143)
('Grathwohl W.', ('OpenAI', 'University of Toronto'), 39.0)
('Zeng W.', ('Inc', 'University of Toronto'), 38.5)
('Wang S.', ('Inc', 'University of Toronto'), 37.75)
('Luo W.', ('Inc', 'University of Toronto'), 36.5)
('Bai M.', ('Inc', 'University of Toronto'), 30.0)
('Liang J.', ('Inc', 'University of Toronto'), 25.5)
('Rudzicz F.', ('Surgical Safety Technologies Inc', 'University of Toronto'), 25.0)
('Rudzicz F.', ('University of Toronto', 'Vector Institute for Artificial Intelligence'), 25.0)
('Hafner D.', ('Inc.', 'University of Toronto'), 23.0)
('Martens J.', ('Google DeepMind', 'University of Toronto'), 22.0)
('Frey B.J.', ('Deep Genomics Inc.', 'University of Toronto'), 20.333333333333332)
('Aspuru-Guzik A.', ('Inc.', 'University of Toronto'), 20.0)
('Liao R.', ('University of Toronto', 'Vector Institute for Artificial Intelligence'), 20.0)
('Watrous R.', ('Siemens Medical Solutions', 'University of Toronto'), 14.0)
('Jaitly N.', ('Inc.', 'University of Toronto'), 13.0)
('Turchenko V.', ('Nuralogix Corporation', 'University of Toronto'), 13.0)
('Johnston T.', ('Atuka Inc.', 'University of Toronto'), 12.0)
('Brotchie J.', ('Atuka Inc.', 'University of Toronto'), 12.0)
('Liu J.', ('Science Appl. International Corp.', 'University of Toronto'), 8.0)
('Zeng W.', ('University of Toronto', 'Vector Institute for Artificial Intelligence'), 5.0)
('Gao J.', ('Microsoft Research', 'University of Toronto'), 5.0)
('Gao J.', ('University of Toronto', 'Vector Institute for Artificial Intelligence'), 5.0)
('Aarabi P.', ('ModiFace Inc.', 'University of Toronto'), 5.0)
('Homayounfar N.', ('Inc', 'University of Toronto'), 4.5)
('Keshavjee K.', ('InfoClin Inc.', 'University of Toronto'), 4.0)
('Leung M.K.K.', ('Deep Genomics Inc.', 'University of Toronto'), 4.0)
('Delong A.', ('Deep Genomics Inc.', 'University of Toronto'), 4.0)
('Ordonez-Calderon J.C.', ('Kinross Gold Corporation', 'University of Toronto'), 3.0)
('Ordonez-Calderon J.C.', ('Laurentian University', 'University of Toronto'), 3.0)
('Zhang G.', ('University of Toronto', 'Vector Institute'), 2.0)

〔University of California〕

('Shelhamer E.', ('Inc.', 'University of California'), 6362.0)
('Cuadros J.', ('LLC', 'University of California'), 1786.0)
('Isola P.', ('OpenAI', 'University of California'), 552.0)
('Harb J.', ('OpenAI', 'University of California'), 455.0)
('Rush G.', ('SAM Technology, Inc.', 'University of California'), 353.0)
('Smith M.E.', ('SAM Technology, Inc.', 'University of California'), 353.0)
('Whitfield S.', ('SAM Technology, Inc.', 'University of California'), 353.0)
('Zhang N.', ('Facebook AI Research', 'University of California'), 307.0)
('Recht B.', ('Inc.', 'University of California'), 234.0)
('Niazi K.R.', ('NantWorks LLC', 'University of California'), 208.0)
('Finn C.', ('Inc.', 'University of California'), 168.0)
('Houthooft R.', ('Ghent University', 'University of California'), 164.0)
('Houthooft R.', ('OpenAI', 'University of California'), 164.0)
('Cong J.S.', ('Falcon-computing Inc.', 'University of California'), 158.0)
('Zhang C.', ('Peking University', 'University of California'), 158.0)
('Zhang C.', ('Falcon-computing Inc.', 'University of California'), 158.0)
('Chen Y.', ('Baidu Inc.', 'University of California'), 155.0)
('Schulman J.', ('OpenAI', 'University of California'), 143.33333333333334)
('Pathak D.', ('Facebook AI Research', 'University of California'), 142.0)
('Hardt M.', ('Inc.', 'University of California'), 134.0)
('Chen X.', ('OpenAI', 'University of California'), 118.0)
('Haussler D.', ('Inc', 'University of California'), 118.0)
('Reese M.G.', ('Inc', 'University of California'), 118.0)
('Cohen M.', ('Jamieson Science and Engineering, Inc.', 'University of California'), 116.0
)
('Schulman J.', ('Google DeepMind', 'University of California'), 114.0)
('Niazi K.R.', ('California NanoSystems Institute', 'University of California'), 112.5)
('Hu R.', ('Facebook AI Research', 'University of California'), 98.0)
('Collins J.', ('Inc.', 'University of California'), 93.0)
('Abbeel P.', ('OpenAI', 'University of California'), 92.84210526315789)
('Sun K.', ('University of California', 'WaferTech LLC'), 92.0)
('Duan Y.', ('OpenAI', 'University of California'), 88.25)
('Nair A.', ('OpenAI', 'University of California'), 86.0)
('Abbeel P.', ('', 'University of California'), 84.0)
('Abbeel P.', ('Embodied Intelligence', 'University of California'), 84.0)
('Cong J.S.', ('Peking University', 'University of California'), 80.25)
('Mildenhall B.', ('Inc.', 'University of California'), 76.0)
('Wiesinger F.', ('GE Global Research', 'University of California'), 69.0)
('Yu C.H.', ('Falcon Computing Solutions Inc', 'University of California'), 68.0)
('Abbeel P.', ('ICSI', 'University of California'), 67.0)
('Du L.', ('Kneron Inc.', 'University of California'), 60.0)
('Liu C.', ('Kneron Inc.', 'University of California'), 60.0)
('Du Y.', ('Kneron Inc.', 'University of California'), 60.0)
('Cong J.S.', ('Falcon Computing Solutions Inc', 'University of California'), 54.333333333
333336)
('Vlassides S.', ('Ltd.', 'University of California'), 54.0)
('Levine S.', ('Inc.', 'University of California'), 52.25)
('Tobinick E.L.', ('Private Medical Group, Inc.', 'University of California'), 46.0)

〔Massachusetts Inst. of Technology〕

('Seung H.S.', ('Lucent Technologies', 'Massachusetts Inst. of Technology'), 7753.0)
('Kramer M.A.', ('Gensym Corporation', 'Massachusetts Inst. of Technology'), 360.0)
('Zhang C.', ('Inc.', 'Massachusetts Inst. of Technology'), 234.0)
('Jaworski J.N.', ('Bristol-Myers Squibb Company', 'Massachusetts Inst. of Technology'), 8
6.0)
('Hicklin R.W.', ('Massachusetts Inst. of Technology', 'Pharmacia Corporation'), 86.0)
('Freeman W.T.', ('Inc.', 'Massachusetts Inst. of Technology'), 83.75)
('Yang T.-J.', ('Inc.', 'Massachusetts Inst. of Technology'), 76.0)
('White D.', ('Massachusetts Inst. of Technology', 'NeuroDyne Inc.'), 45.0)
('Liu R.', ('Brain Power LLC', 'Massachusetts Inst. of Technology'), 37.0)
('Hara Y.', ('Massachusetts Inst. of Technology', 'Mitsubishi Electric Corp.'), 37.0)
('Sinha A.', ('Magic Leap Inc.', 'Massachusetts Inst. of Technology'), 34.0)
('Niu M.Y.', ('Inc.', 'Massachusetts Inst. of Technology'), 29.0)
('Han S.', ('Inc.', 'Massachusetts Inst. of Technology'), 28.0)
('Walsh T.J.', ('Inc.', 'Massachusetts Inst. of Technology'), 25.0)
('Matsuoka Y.', ('Barrett Technology Inc.', 'Massachusetts Inst. of Technology'), 24.0)
('Matsuoka Y.', ('Massachusetts Inst. of Technology', 'University of California'), 24.0)
('Matsuoka Y.', ('Laboratory for Computer Science', 'Massachusetts Inst. of Technology'),
24.0)
('Thorisson K.R.', ('Massachusetts Inst. of Technology', 'Reykjavík University'), 23.0)
('Thorisson K.R.', ('Inc.', 'Massachusetts Inst. of Technology'), 23.0)
('Thorisson K.R.', ('Massachusetts Inst. of Technology', 'Radar Networks Inc.'), 23.0)
('Paulos J.J.', ('Cirrus Logic Inc.', 'Massachusetts Inst. of Technology'), 23.0)
('Paulos J.J.', ('IEEE, Industrial Hybrid Vehicle Applications', 'Massachusetts Inst. of T
echnology'), 23.0)
('Paulos J.J.', ('Massachusetts Inst. of Technology', 'North Carolina State University'),
23.0)
('Paulos J.J.', ('Engineering Honor Society', 'Massachusetts Inst. of Technology'), 23.0)
('Thorisson K.R.', ('LEGO Digital', 'Massachusetts Inst. of Technology'), 23.0)
('Wah Benjamnin W.', ('International Computer Science Institute', 'Massachusetts Inst. of
Technology'), 12.0)
('Wah Benjamnin W.', ('Massachusetts Inst. of Technology', 'University of Maryland'), 12.0
)
('Wah Benjamnin W.', ('Carnegie Mellon University', 'Massachusetts Inst. of Technology'),
12.0)
('Wah Benjamnin W.', ('Massachusetts Inst. of Technology', 'University of Wisconsin'), 12.
0)
('Wah Benjamnin W.', ('Massachusetts Inst. of Technology', 'University of Massachusetts'),
12.0)
('Wah Benjamnin W.', ('College of Dentistry', 'Massachusetts Inst. of Technology'), 12.0)
('Wah Benjamnin W.', ('Massachusetts Inst. of Technology', 'MS 50'), 12.0)
('Wah Benjamnin W.', ('Columbia University', 'Massachusetts Inst. of Technology'), 12.0)
('Wah Benjamnin W.', ('Lucent Technologies', 'Massachusetts Inst. of Technology'), 12.0)
('Wah Benjamnin W.', ('Massachusetts Inst. of Technology', 'University of Texas at Austin'
), 12.0)
('Wah Benjamnin W.', ('Massachusetts Inst. of Technology', 'University of Rochester'), 12.
0)
('Wah Benjamnin W.', ('Massachusetts Inst. of Technology', 'University of California'), 12
.0)

【Carnegie Mellon University】

('Shrivastava A.', ('Carnegie Mellon University', 'Inc.'), 307.0)
('Smola A.', ('Amazon Company', 'Carnegie Mellon University'), 264.0)
('Zaheer M.', ('Amazon Company', 'Carnegie Mellon University'), 264.0)
('Gupta A.', ('Carnegie Mellon University', 'Inc.'), 171.0)
('Dyer C.', ('Carnegie Mellon University', 'Marianas Labs Inc.'), 135.0)
('Smola A.', ('Carnegie Mellon University', 'Inc.'), 119.0)
('Morse D.V.', ('Assoc. of Iron and Steel Engineers', 'Carnegie Mellon University'), 105.0
)
('Morse D.V.', ('American Society of Civil Engineers', 'Carnegie Mellon University'), 105.
0)
('Morse D.V.', ('Carnegie Mellon University', 'IBM Corporation'), 105.0)
('Morse D.V.', ('Carnegie Mellon University', 'Korean Soc. of Precesion Engineers'), 105.0
)
('Morse D.V.', ('Carnegie Mellon University', 'Pennsylvania State University'), 105.0)
('Yang Z.', ('Carnegie Mellon University', 'Inc.'), 71.0)
('McGlohon M.', ('Carnegie Mellon University', 'Inc.'), 66.0)
('Sandholm T.', ('Carnegie Mellon University', 'Strategy Robot Inc.'), 65.0)
('Sandholm T.', ('Carnegie Mellon University', 'Inc.'), 65.0)
('Goldman D.H.', ('Carnegie Mellon University', 'Neosaej Corporation'), 64.0)
('Dai W.', ('Carnegie Mellon University', 'Petuum Inc.'), 63.0)
('Aoki Y.', ('Carnegie Mellon University', 'Fujitsu Laboratories Ltd.'), 60.0)
('Sandholm T.', ('Carnegie Mellon University', 'CombineNet Inc.'), 59.0)
('Dai W.', ('Carnegie Mellon University', 'Stanford University'), 53.0)
('Qu S.', ('Carnegie Mellon University', 'Stanford University'), 53.0)
('Li J.', ('Carnegie Mellon University', 'Stanford University'), 53.0)
('Das S.', ('Carnegie Mellon University', 'Robert Bosch GmbH'), 53.0)
('Das S.', ('Carnegie Mellon University', 'Stanford University'), 53.0)
('Pham H.', ('Carnegie Mellon University', 'Inc.'), 53.0)
('Metze F.', ('Carnegie Mellon University', 'Robert Bosch GmbH'), 53.0)
('Metze F.', ('Carnegie Mellon University', 'Stanford University'), 53.0)
('Dai W.', ('Carnegie Mellon University', 'Robert Bosch GmbH'), 53.0)
('Qu S.', ('Carnegie Mellon University', 'Robert Bosch GmbH'), 53.0)
('Parisotto E.', ('Carnegie Mellon University', 'Microsoft Research'), 43.0)
('Xie P.', ('Carnegie Mellon University', 'Petuum Inc.'), 37.5)
('Dai Z.', ('Carnegie Mellon University', 'Inc.'), 36.5)
('Li L.', ('Carnegie Mellon University', 'Inc.'), 35.0)
('Brown N.', ('Carnegie Mellon University', 'Facebook AI Research'), 34.5)
('Zhang H.', ('Carnegie Mellon University', 'Petuum Inc.'), 33.5)
('Yu A.W.', ('Carnegie Mellon University', 'Inc.'), 33.0)
('Hu Z.', ('Carnegie Mellon University', 'Petuum Inc.'), 26.75)
('Chaplot D.S.', ('Apple Computer Inc.', 'Carnegie Mellon University'), 21.0)
('Minkov E.', ('Carnegie Mellon University', 'Nokia Research Center'), 21.0)
('Parisotto E.', ('Apple Computer Inc.', 'Carnegie Mellon University'), 21.0)
('Bhat G.', ('Carnegie Mellon University', 'Microsoft Research'), 20.0)
('Li J.', ('Carnegie Mellon University', 'Robert Bosch GmbH'), 19.666666666666668)
('Dyer C.', ('Carnegie Mellon University', 'Google DeepMind'), 19.0)
('Ancha S.', ('Carnegie Mellon University', 'Microsoft Research'), 18.0)
('Chen Y.-N.', ('Carnegie Mellon University', 'Microsoft Research'), 17.0)

【東京大学】

('Matsumoto E.', ('Inc', 'University of Tokyo'), 25.0)
('Tokui S.', ('Inc', 'University of Tokyo'), 25.0)
('Tada T.', ('AI Medical Service Inc.', 'University of Tokyo'), 21.263157894736842)
('Tada T.', ('Tada Tomohiro Institute of Gastroenterology and Proctology', 'University of Tokyo'), 21.263157894736842)
('Tsuzuku Y.', ('Inc', 'University of Tokyo'), 16.0)
('Bise R.', ('Dai Nippon Printing Co., Ltd.', 'University of Tokyo'), 16.0)
('Tanimura T.', ('Fujitsu Laboratories Ltd.', 'University of Tokyo'), 13.5)
('Asano Y.', ('Mitsubishi Research Institute', 'University of Tokyo'), 12.0)
('Katayama M.', ('Inst. of Phys./Chem. Res. (RIKEN)', 'University of Tokyo'), 9.0)
('Katayama M.', ('SANYO Electric Co., Ltd.', 'University of Tokyo'), 9.0)
('Katayama M.', ('University of Tokyo', 'University of Tsukuba'), 9.0)
('Suzuki T.', ('Inc.', 'University of Tokyo'), 9.0)
('Suzuki T.', ('RIKEN', 'University of Tokyo'), 9.0)
('Katayama M.', ('Toyohashi University of Technology', 'University of Tokyo'), 9.0)
('Katayama M.', ('JST', 'University of Tokyo'), 9.0)
('Nguyen C.', ('Toshiba Corporation', 'University of Tokyo'), 4.0)
('Nakasu T.', ('Hoshinoko Production Ltd.', 'University of Tokyo'), 4.0)
('Miyazawa Y.', ('Ishikawajima-Harima Heavy Industries Co.,Ltd', 'University of Tokyo'), 3.0)
('Ikuta H.', ('Ltd.', 'University of Tokyo'), 3.0)
('Tsukimoto H.', ('Toshiba Corporation', 'University of Tokyo'), 3.0)
('Tsukimoto H.', ('AAAI', 'University of Tokyo'), 3.0)
('Amano S.', ('Foo.log Inc.', 'University of Tokyo'), 2.5)
('Fukuma T.', ('Ltd.', 'University of Tokyo'), 1.0)
('Tajima S.', ('NHK (Japan Broadcasting Corporation)', 'University of Tokyo'), 1.0)
('Sakai T.', ('NEC Fundamental Res. Laboratories', 'University of Tokyo'), 1.0)
('Kawahigashi H.', ('Japanese Cognitive Science Society', 'University of Tokyo'), 1.0)
('Kimura N.', ('Inc', 'University of Tokyo'), 1.0)
('Oshima K.', ('Japanese Cognitive Science Society', 'University of Tokyo'), 0.5)
('Kawahigashi H.', ('University of California', 'University of Tokyo'), 0.5)
('Oshima K.', ('Mitsubishi Electric Corp.', 'University of Tokyo'), 0.5)
('Oshima K.', ('Info. and Commun. Syst. Devmt. Ctr.', 'University of Tokyo'), 0.5)
('Oshima K.', ('University of California', 'University of Tokyo'), 0.5)
('Kawahigashi H.', ('IEEE, Industrial Hybrid Vehicle Applications', 'University of Tokyo'), 0.5)
('Kawahigashi H.', ('Mitsubishi Electric Corp.', 'University of Tokyo'), 0.5)
('Oshima K.', ('Nagoya Institute of Technology', 'University of Tokyo'), 0.5)
('Saito Y.', ('Ltd.', 'University of Tokyo'), 0.0)
('Tang Y.', ('Google Australia', 'University of Tokyo'), 0.0)
('Ishii M.', ('NEC Fundamental Res. Laboratories', 'University of Tokyo'), 0.0)
('Hisamatsu R.', ('Inc.', 'University of Tokyo'), 0.0)
('Sawabe A.', ('NEC Fundamental Res. Laboratories', 'University of Tokyo'), 0.0)
('Ikeuchi M.', ('Cymss-bio Inc.', 'University of Tokyo'), 0.0)
('Ishii M.', ('RIKEN', 'University of Tokyo'), 0.0)
('Akuzawa K.', ('Ltd.', 'University of Tokyo'), 0.0)
('Ishino S.', ('Ltd.', 'University of Tokyo'), 0.0)
('Oono K.', ('Inc', 'University of Tokyo'), 0.0)
('Tanaka Y.', ('Nippon Steel Corporation', 'University of Tokyo'), 0.0)

【RWTH Aachen】

('Jakobs O.', ('Forschungszentrum Jülich GmbH', 'RWTH Aachen'), 198.0)
('Kellermann T.', ('Forschungszentrum Jülich GmbH', 'RWTH Aachen'), 198.0)
('Cieslik E.C.', ('Heinrich-Heine-Univ. Dusseldorf', 'RWTH Aachen'), 198.0)
('Eickhoff S.B.', ('Heinrich-Heine-Univ. Dusseldorf', 'RWTH Aachen'), 157.0)
('Bzdok D.', ('Forschungszentrum Jülich GmbH', 'RWTH Aachen'), 157.0)
('Shah N.J.', ('Forschungszentrum Jülich GmbH', 'RWTH Aachen'), 150.0)
('Shah N.J.', ('Jülich-Aachen Research Alliance (JARA) - Section JARA-Brain', 'RWTH Aachen
'), 150.0)
('Eickhoff S.B.', ('Jülich-Aachen Research Alliance (JARA) - Section JARA-Brain', 'RWTH Aa
chen'), 150.0)
('Eickhoff S.B.', ('Forschungszentrum Jülich GmbH', 'RWTH Aachen'), 144.0)
('Cieslik E.C.', ('Forschungszentrum Jülich GmbH', 'RWTH Aachen'), 120.0)
('Amunts K.', ('Forschungszentrum Jülich GmbH', 'RWTH Aachen'), 104.66666666666667)
('Zilles K.', ('Forschungszentrum Jülich GmbH', 'RWTH Aachen'), 102.0)
('Heim S.', ('Forschungszentrum Jülich GmbH', 'RWTH Aachen'), 56.0)
('Binkofski F.', ('Forschungszentrum Jülich GmbH', 'RWTH Aachen'), 56.0)
('Binkofski F.', ('JARA Translational Brain Medicine', 'RWTH Aachen'), 56.0)
('Diesmann M.', ('Brain Science Institute', 'RWTH Aachen'), 51.0)
('Diesmann M.', ('RIKEN', 'RWTH Aachen'), 51.0)
('Michel W.', ('AppTek GmbH', 'RWTH Aachen'), 49.0)
('Beck E.', ('AppTek GmbH', 'RWTH Aachen'), 49.0)
('Derntl B.', ('JARA-BRAIN', 'RWTH Aachen'), 26.0)
('Derntl B.', ('RWTH Aachen', 'University Hospital Tuebingen'), 26.0)
('Derntl B.', ('Forschungszentrum Jülich GmbH', 'RWTH Aachen'), 26.0)
('Monakhov K.Y.', ('Forschungszentrum Jülich GmbH', 'RWTH Aachen'), 24.0)
('Kogerler P.', ('Forschungszentrum Jülich GmbH', 'RWTH Aachen'), 24.0)
('Diesmann M.', ('Forschungszentrum Jülich GmbH', 'RWTH Aachen'), 21.4)
('Diesmann M.', ('RWTH Aachen', 'Univ. Klin./Med. Fak. RWTH Aachen'), 17.333333333333332)
('Amunts K.', ('JARA Translational Brain Medicine Aachen', 'RWTH Aachen'), 15.0)
('Zeyer A.', ('AppTek GmbH', 'RWTH Aachen'), 14.6)
('Waser R.', ('JARA - Fundamentals for Future Information Technology', 'RWTH Aachen'), 14.
333333333333334)
('Neuner I.', ('Forschungszentrum Jülich GmbH', 'RWTH Aachen'), 14.0)
('Achterhold J.', ('Robert Bosch GmbH', 'RWTH Aachen'), 13.0)
('Lehnert W.', ('Forschungszentrum Jülich GmbH', 'RWTH Aachen'), 13.0)
('Waser R.', ('Forschungszentrum Jülich GmbH', 'RWTH Aachen'), 11.2)
('Mathiak K.', ('JARA-ENERGY', 'RWTH Aachen'), 11.0)
('Mathiak K.', ('Forschungszentrum Jülich GmbH', 'RWTH Aachen'), 11.0)
('Schorn C.', ('Robert Bosch GmbH', 'RWTH Aachen'), 10.25)
('Zeyer A.', ('AppTek', 'RWTH Aachen'), 9.0)
('Zeyer A.', ('NNAISENSE', 'RWTH Aachen'), 9.0)
('Ney H.', ('AppTek GmbH', 'RWTH Aachen'), 8.88888888888889)
('Springer J.', ('Robert Bosch GmbH', 'RWTH Aachen'), 8.0)
('Helias M.', ('Forschungszentrum Jülich GmbH', 'RWTH Aachen'), 6.25)
('Carloni P.', ('Forschungszentrum Jülich GmbH', 'RWTH Aachen'), 3.0)
('Zajzon B.', ('Forschungszentrum Jülich GmbH', 'RWTH Aachen'), 3.0)
('Mitsos A.', ('JARA-SOFT', 'RWTH Aachen'), 2.4)
('Gutzen R.', ('Forschungszentrum Jülich GmbH', 'RWTH Aachen'), 2.0)

[University of Chinese Academy of Sciences]

('Zhang S.', ('Chinese Acad. of Sci.', 'University of Chinese Academy of Sciences'), 239.0
)
('Zhang L.', ('Cambricon Technologies Co. Ltd.', 'University of Chinese Academy of Science
s'), 239.0)
('Zhang S.', ('Cambricon Technologies Co. Ltd.', 'University of Chinese Academy of Science
s'), 239.0)
('Zhang L.', ('Chinese Acad. of Sci.', 'University of Chinese Academy of Sciences'), 239.0
)
('Lan H.', ('Chinese Acad. of Sci.', 'University of Chinese Academy of Sciences'), 120.0)
('Lan H.', ('Cambricon Technologies Co. Ltd.', 'University of Chinese Academy of Sciences'
), 120.0)
('Zou W.', ('University of Chinese Academy of Sciences', 'World (Tianjin) Intelligent Tech
nology Co. Ltd.'), 108.0)
('Zou W.', ('Chinese Academy of Sciences', 'University of Chinese Academy of Sciences'), 1
08.0)
('Yang L.', ('Jiangsu Institute of Building Science Co. LTD', 'University of Chinese Acade
my of Sciences'), 31.0)
('Yang L.', ('Chinese Academy of Sciences', 'University of Chinese Academy of Sciences'),
31.0)
('Guo Q.', ('Chinese Acad. of Sci.', 'University of Chinese Academy of Sciences'), 27.0)
('Guo Q.', ('Loongson Technology Corporation Limited', 'University of Chinese Academy of S
ciences'), 27.0)
('Zhu J.', ('Toyota Technological Institute', 'University of Chinese Academy of Sciences')
, 23.0)
('Zhu J.', ('Chinese Acad. of Sci.', 'University of Chinese Academy of Sciences'), 23.0)
('Zhou S.', ('Megvii Inc. (Face++)', 'University of Chinese Academy of Sciences'), 17.0)
('Zhou Y.', ('Jiangsu Institute of Building Science Co. LTD', 'University of Chinese Acade
my of Sciences'), 16.666666666666668)
('Zhou Y.', ('Chinese Academy of Sciences', 'University of Chinese Academy of Sciences'),
16.666666666666668)
('Li D.', ('Chinese Shipbuiding Industry Corporation 723', 'University of Chinese Academy
of Sciences'), 14.0)
('Li D.', ('Chinese Academy of Sciences', 'University of Chinese Academy of Sciences'), 14
.0)
('Zhao D.', ('Chinese Academy of Sciences', 'University of Chinese Academy of Sciences'),
12.5)
('Zhao D.', ('Ltd.', 'University of Chinese Academy of Sciences'), 12.5)
('Zhou S.', ('Chinese Acad. of Sci.', 'University of Chinese Academy of Sciences'), 11.333
333333333334)
('Cao J.', ('Jiangsu Institute of Building Science Co. LTD', 'University of Chinese Academ
y of Sciences'), 9.5)
('Cao J.', ('Chinese Academy of Sciences', 'University of Chinese Academy of Sciences'), 9
.5)
('Xu L.', ('Chinese Academy of Sciences', 'University of Chinese Academy of Sciences'), 8.
0)
('Xu L.', ('China Three Gorges Corporation', 'University of Chinese Academy of Sciences'),
8.0)
('Zhuang F.', ('Baidu Inc.', 'University of Chinese Academy of Sciences'), 8.0)

付録 5　論文タイトルリスト（図 6-6〜図 6-10）

Title 0: Pharmacovigilance from social media: Mining adverse drug reaction mentions using sequence labeling with word embedding cluster features

Title 1: Representation learning using multi-task deep neural networks for semantic classification and information retrieval

Title 2: Deep Sentence embedding using long short-term memory networks: Analysis and application to information retrieval

Title 3: Multilingual part-of-speech tagging with bidirectional long short-term memory models and auxiliary loss

Title 4: Cohort profile of the South London and Maudsley NHS Foundation Trust Biomedical Research Centre (SLaM BRC) Case Register: Current status and recent enhancement of an Electronic Mental Health Record-derived data resource

Title 5: UDPipe: Trainable pipeline for processing CoNLL-U files performing tokenization, morphological analysis, POS tagging and parsing

Title 6: ChestX-ray8: Hospital-scale chest X-ray database and benchmarks on weakly-supervised classification and localization of common thorax diseases

Title 7: Comprehensive survey of deep learning in remote sensing: Theories, tools, and challenges for the community

Title 8: Paying more attention to attention: Improving the performance of convolutional neural networks via attention transfer

Title 9: Using millions of emoji occurrences to learn any-domain representations for detecting sentiment, emotion and sarcasm

Title 10: Semi-supervised learning with generative adversarial networks on digital signal modulation

Title 11: 3D Carbon Electrocatalysts In Situ Constructed by Defect-Rich Nanosheets and Polyhedrons from NaCl-Sealed Zeolitic Imidazolate Frameworks

Title 12: Modelling and optimal lot-sizing of integrated multi-level multi-wholesaler supply chains under the shortage and limited warehouse space: generalised outer approximation

Title 13: What do you learn from context? Probing for sentence structure in contextualized word representations

Title 14: Diagnosis of genetic diseases in seriously ill children by rapid whole-genome sequencing and automated phenotyping and interpretation

Title 15: Chinese whispers - An efficient graph clustering algorithm and its application to natural language processing problems

Title 16: EVALITA 2020: Overview of the 7th evaluation campaign of natural language processing and speech tools for Italian

Title 17: Beamforming Optimization for Wireless Network Aided by Intelligent Reflecting Surface with Discrete Phase Shifts

Title 18: Modelling And optimal lot-sizing of the replenishments in constrained, multi-product and bi-objective EPQ models with defective products: Generalised Cross Decomposition

Title 19: Characterizing the Propagation of Situational Information in Social Media during COVID-19 Epidemic: A Case Study on Weibo

Title 20: Joint Economic Lot-sizing in Multi-product Multi-level Integrated Supply Chains: Generalized Benders Decomposition

Title 21: Interval-valued intuitionistic fuzzy multiple attribute decision making based on nonlinear programming methodology and TOPSIS method

付録6　コミュニティ毎の高被引用著者所属組織組合せ例

【2015 コミュニティ 0】

【2016 コミュニティ 1】

【2015 コミュニティ 2】

【2016 コミュニティ 3】

【2019 コミュニティ 1】

【2020 コミュニティ 0】

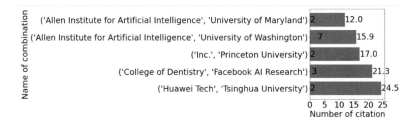

付録 7 投稿種別・抽出文書別の著者類型毎の論文数・平均被引用数分析

投稿先

all

	【all】				【cp】				【ar】			
	all	com	co_ac	coac	all	com	co_ac	coac	all	com	co_ac	coac
# of publication	74788191	3302648	1880385	443350	10543346	937274	425235	63624	52723666	2098015	1334390	348067
# of citation	16.67	20.98	25.99	29.43	6.00	6.99	8.60	10.10	19.60	27.35	31.28	32.70

AI

	all	com	co_ac	coac	all	com	co_ac	coac	all	com	co_ac	coac
# of publication	836347	48431	34748	8031	405841	27658	17991	3641	372946	18835	15394	3988
# of citation	13.08	24.41	22.85	26.37	7.73	20.47	17.39	21.34	18.82	29.38	27.95	25.81

NLP

	all	com	co_ac	coac	all	com	co_ac	coac	all	com	co_ac	coac
# of publication	49425	2869	2021	378	27071	1737	1135	200	19136	995	788	158
# of citation	11.28	22.19	21.69	27.03	7.51	18.18	15.87	11.84	16.65	30.38	31.09	48.06

NLP or AM

	all	com	co_ac	coac	all	com	co_ac	coac	all	com	co_ac	coac
# of publication	57512	3538	2563	515	31879	2246	1531	300	22200	1149	928	192
# of citation	11.36	26.99	23.81	22.75	8.19	27.32	21.67	12.55	15.81	28.04	28.52	40.00

抽出文書

付録 8 特許からの高被引用論文リスト

【1-25 位】

eid	afs	author	ym	title	abstract	citd	p_citd
29799522	2-s2.0-0029799522	[, Hebrew University, Hebrew University]	[Eshed Y., Zamir D., Zamir D.]	199601	Less-than-additive epistatic interactions of q...	Epistasis plays a role in determining the phe...	191	3248
1017008	2-s2.0-0001017008	[Natl. Inst. for Materials Science, Natl. Inst...	[Li C., Bando Y., Nakamura M., Onoda M., Kimiz...	199809	Modulated Structures of Homologous Compounds I...	The modulated structures appearing in the hom...	129	2877
30168131	2-s2.0-0030168131	[Philips Research Laboratories, Philips Resear...	[Prins M.W.J., Grosse-Holz K.-O., Muller G., C...	199612	A ferroelectric transparent thin-film transistor	Operation of a field-effect t...	176	2746
1638274	2-s2.0-0001638274	[HOYA Corporation, HOYA Corporation, Kyoto Uni...	[Orita M., Tanji H., Mizuno M., Adachi Hirohiko]	200001	Mechanism of electrical conductivity of transp...	The electronic structure of (Formula presente...	95	2693
30271920	2-s2.0-0030271920	[Europ. Molecular Biology Laboratory, Max Delb...	[Bork P., Bork P., Bairoch A.]	199601	Go hunting in sequence databases but watch out...		86	1401
29670262	2-s2.0-0029670262	[Public Health Research Institute of the City,...	[Tyagi S., Kramer F.R.]	199601	Molecular Beacons: Probes that Fluoresce Upon ...	We have developed novel nucleic acid probes t...	3387	1354
30009781	2-s2.0-0030009781	[Oregon Health Sciences University, Oregon Hea...	[Brown M., Rittenberg M.B., Chen C., Roberts V...	199605	Tolerance to single, but not multiple, amino a...	Mutations in the heavy chain complementarity ...	15	1205
30250670	2-s2.0-0030250670	[MRC Laboratory of Molecular Biology, MRC Labo...	[Davies J.E., Riechmann L.]	199609	Affinity improvement of single antibody VH dom...	Background: Through antibody engineering, imm...	34	1036
29748326	2-s2.0-0029748326	[Stanford University, Stanford University, Sta...	[Schena M., Heller R.A., Chai A., Davis R.W., ...	199610	Parallel human genome analysis: Microarray-bas...	Microarrays containing 1046 human cDNAs of un...	1377	1003
29946383	2-s2.0-0029946383	[Department of Molecular Oncology, Department ...	[Ridgway J.B.B., Carter P.J., Presta L.G.]	199601	'Knobs-into-holes' engineering of antibody C(H...	'Knobs-into-holes' was originally proposed by...	373	851
879124	2-s2.0-0000879124	[Microsoft Research]	[Zhang Z.]	200011	A flexible new technique for camera calibration	We propose a flexible new technique to easily...	8745	800
96835	2-s2.0-0000096835	[Scripps Research Institute, Scripps Research ...	[Finn M.G., Sharpless K.B., Kolb H.C.]	200106	Click Chemistry: Diverse Chemical Function fro...	Examination of nature's favorite molecules re...	9856	740
1782331	2-s2.0-0001782331	[Insect Biocontrol Laboratory]	[Wall R.J.]	199601	Transgenic livestock: Progress and prospects f...	The notion of directly introducing new genes ...	122	693
29996147	2-s2.0-0029996147	[Salk Institute, Salk Institute, Salk Institut...	[Naldini L., Blomer U., Gallay P.A., Gage F.H....	199604	In vivo gene delivery and stable transduction ...	A retroviral vector system based on the human...	3719	684
30177403	2-s2.0-0030177403	[MRC Laboratory of Molecular Biology]	[Neuberger M.S.]	199601	Generating high-avidity human mabs in mice		12	612
12392952	2-s2.0-0012392952	[University of California, University of Calif...	[Bruchez M.P., Alivisatos A.P., Bruchez M.P., ...	199809	Semiconductor nanocrystals as fluorescent biol...	Semiconductor nanocrystals were prepared for ...	7887	579
29843950	2-s2.0-0029843950	[Division of Pulmonary Medicine, Division of P...	[Herman J.G., Graff J.R., Myohanen S., Nelkin ...	199609	Methylation-specific PCR: A novel PCR assay fo...	Precise mapping of DNA methylation patterns i...	5004	575
30032063	2-s2.0-0030032063	[Bloomberg School of Public Health, Bloomberg ...	[Kim Y.-G., Cha J., Chandrasegaran S.]	199602	Hybrid restriction enzymes: Zinc finger fusion...	A long-term goal in the field of restriction-...	1133	573
29670330	2-s2.0-0029670330	[Affymax Research Institute, Affymax Research ...	[Crameri A., Whitehorn E.A., Tate E.H., Stemme...	199601	Improved green fluorescent protein by molecula...	Green fluorescent protein (GFP) has rapidly b...	1020	571
30465241	2-s2.0-0030465241	[Natl. Inst. of Standards Technology, Harvard ...	[Kasianowicz J.J., Brandin E., Branton D., Dea...	199611	Characterization of individual polynucleotide ...	We show that an electric field can drive sing...	2419	570
29839470	2-s2.0-0029839470	[University of British Columbia, University of...	[Babcook J.S., Leslie K.B., Olsen O.A., Salmon...	199607	A novel strategy for generating monoclonal ant...	We report a novel approach to the generation ...	97	533
29959438	2-s2.0-0029959438	[Department of Molecular Oncology, Department ...	[Klein R.D., Rosenthal A., Gu Q., Goddard A.D.]	199607	Selection for genes encoding secreted proteins...	Extracellular proteins play an essential role...	125	490
30004872	2-s2.0-0030004872	[Boyer Center for Molecular Medicine, Boyer Ce...	[Gewirtz A.M., Stein C.A., Glazer P.M.]	199605	Facilitating oligonucleotide delivery:	We have fabricated	98	468
30298490	2-s2.0-0030298490	[Royal Institute of Technology, Royal Institut...	[Ronaghi M., Karamohamed S., Pettersson B., Uh...	199611	Real-time DNA sequencing using detection of py...	An approach for real-time DNA sequencing with...	760	459
981617	2-s2.0-0000981617	[K-JIST, K-JIST, K-JIST]	[Lee C.-L., Lee K.B., Kim J.-J.]	200010	Polymer phosphorescent light-emitting devices ...	We have fabricated phosphorescent polymer lig...	259	456

236

【26-50 位】

eid		afs	author	ym	title	abstract	citd	p_citd
30174367	2-s2.0-0030174367	[IBM T.J. Watson Research Center]	[Slonczewski J.C.]	199601	Current-driven excitation of magnetic multilayers	A new mechanism is proposed for exciting the ...	5044	452
29890636	2-s2.0-0029890636	[City of Hope National Medical Center, City of...]	[Hu S.-Z., Wu A.M., Shively L., Sherman M.A., ...]	199607	Minibody: A novel engineered anti-carcinoembry...	A novel engineered antibody fragment (V-V-C3,...	310	437
29812283	2-s2.0-0029812283	[Stanford University, Stanford University, Sta...]	[Shalon D., Brown P.O., Brown P.O., Smith S.J...]	199601	A DNA microarray system for analyzing complex ...	Detecting and determining the relative abunda...	850	433
29964835	2-s2.0-0029964835	[Department of Molecular Oncology, Department ...]	[Gibson U.E., Heid C.A., Williams P.M.]	199601	A novel method for real time quantitative RT-PCR	A novel approach to quantitative reverse tran...	1709	422
29804246	2-s2.0-0029804246	[Stanford University, Stanford University, Sta...]	[Shoemaker D.D., Lashkari D., Davis R.W., Morr...]	199612	Quantitative phenotypic analysis of yeast dele...	A quantitative and highly parallel method for...	443	420
971906	2-s2.0-0000971906	[Trinity College, Princeton University, Prince...]	[O'Brien D.F., O'Brien D.F., Baldo M.A., Forre...]	199901	Improved energy transfer in electrophosphoresc...	External quantum efficiencies of up to (5.6±0...	741	408
5229135	2-s2.0-0005229135	[MRC Laboratory of Molecular Biology, MRC Labo...]	[Low N.M., Winter G., Holliger P., Winter G.]	199607	Mimicking somatic hypermutation: Affinity matu...	Human antibodies can now be isolated from ant...	180	404
1032755	2-s2.0-0001032755	[City University of Hong Kong, City University...]	[Gao Z.-Q., Lee C.-S., Bello I., Lee S.-T., Ch...]	199902	Bright-blue electroluminescence from a silyl-s...	A bright-blue electroluminescent device has b...	193	402
30258631	2-s2.0-0030258631	[University of Ottawa]	[Labonte S.]	199612	Monopole antennas for microwave catheter ablation	We study the characteristics of various monop...	69	399
30131075	2-s2.0-0030131075	[University of Toronto, Queen's University, Ti...]	[Peng T., Gibula P., Yao K.D., Goosen M.F.A., ...]	199601	Role of polymers in improving the results of s...	This article is a review of recent developmen...	100	397
30470557	2-s2.0-0030470557	[Medical School, Medical School, Medical Schoo...]	[Lund J., Pound J.D., Goodall M., Jefferis R,...]	199612	Multiple interactions of IgG with its Core Oli...	Glycosylation at Asn within the C2 domains of...	175	396
30291637	2-s2.0-0030291637	[IEEE, Industrial Hybrid Vehicle Applications,...]	[Suh B.-H., Lim Hyung-Kyu, Jung T.-S., Choi Y...]	199601	A 117-mm2 3.3-V only 128-Mb multilevel NAND fl...	For a quantum step in further cost reduction,...	76	393
29742199	2-s2.0-0029742199	[University of Minnesota, University of Minnes...]	[Ashe K.H., Nilsen S.P., Chapman P.F., Eckman ...]	199610	Correlative memory deficits, Aβ elevation, and...	Transgenic mice overexpressing the 695-amino ...	3452	393
29927859	2-s2.0-0029927859	[The Science Park, The Science Park, The Scien...]	[Thompson J., Pope T., Johnson K.S., Tung J.-S...]	199602	Affinity Maturation of a High-affinity Human M...	The present study set out to investigate whet...	91	388
30175963	2-s2.0-0030175963	[University of New Mexico, University of New M...]	[Wilkins E., Atanasov P., Wilkins E.]	199601	Glucose monitoring: State of the art and futur...	This article reviews the development of gluco...	140	381
30234863	2-s2.0-0030234863	[Lucent Technologies]	[Foschini G.J.]	199601	Layered space-time architecture for wireless c...	This paper addresses digital communication in...	5064	381
29957181	2-s2.0-0029957181	[Department of Molecular Oncology, Department ...]	[Heid C.A., Williams P.M., Stevens J.F., Livak...]	199601	Real time quantitative PCR	We have developed a novel 'real time' quantit...	4747	377
29984208	2-s2.0-0029984208	[Inserm, Inserm, Inserm, University of Kansas,...]	[Thorne-Duret V., Gangnerau M.N., Reach G., Zha...]	199606	Modification of the sensitivity of glucose sen...	The mechanism of reducing the glucose sensiti...	44	375
29852580	2-s2.0-0029852580	[Stanford University Medical Center, Stanford ...]	[DeRisi J.L., Penland L., Brown P.O., Bittner ...]	199612	Use of a cDNA microarray to analyse gene expre...	The development and progression of cancer and...	1698	374
30483072	2-s2.0-0030483072	[University of Pittsburgh, University of Pitts...]	[Song Y.K., Liu D., Maruyama K., Takizawa T., ...]	199611	Antibody mediated lung targeting of long-circu...	Monoclonal antibody 34A, which specifically b...	25	373
29991439	2-s2.0-0029991439	[Mem. Sloan-Kettering Cancer Center, , , , ,...]	[Baselga J., Tripathy D., Mendelsohn J., Baugh...]	199601	Phase II Study of Weekly Intravenous Recombina...	Purpose: Breast cancer frequently overexpress...	1226	370
30290680	2-s2.0-0030290680	[HPC Applications Engineering and Market Devel...]	[Maneatis J.G., Maneatis J.G., Maneatis J.G., ...]	199601	Low-jitter process-independent DLL and PLL bas...	Delay-locked loop (DLL) and phase-locked loop...	612	368
1372006	2-s2.0-0001372006	[Eastman Kodak Co., Eastman Kodak Co., Eastman...]	[Hung L.S., Zheng L.R., Mason M.G., Hung L.S.,...]	200101	Anode modification in organic light-emitting d...	Plasma polymerization of CHF at low frequenci...	156	367
30267940	2-s2.0-0030267940	[Tokyo Medical and Dental University, Tokyo Me...]	[Kuroda T., Motohashi N., Tominaga R., Iwata K.]	199601	Three-dimensional dental cast analyzing system...	The purpose of this article is to introduce t...	81	367
29776495	2-s2.0-0029776495	[Naval Research Laboratory, Naval Research Lab...]	[Chrisey L.A., O'Ferrall Catherine, Lee G.U.,...]	199601	Covalent attachment of synthetic DNA to self-a...	The covalent attachment of thiol-modified DNA...	349	364

付録 9　AI 関連特許リスト（論文引用数上位）

【1-30 位】

Title	Applicants/Owners	Publication year of patents	Cited Scholarly Outputs
SYSTEM AND METHOD TO QUANTIFY TUMOR-INFILTRATING LYMPHOCYTES (TILs) FOR CLINICAL PATHOLOGY ANALYSIS	The Research Foundation For The State University Of New York| Emory University| Institute For Systems Biology| Board Of Regents, The University Of Texas System	2019	40
System and Method to Quantify Tumor-Infiltrating Lymphocytes (TILs) for Clinical Pathology Analysis Based on Prediction, Spatial Analysis, Molecular Correlation, and Reconstruction of TIL Information Identified in Digitized Tissue Images	Board Of Regents, The University Of Texas System| Emory University| The Research Foundation For The State University Of New York| Institute For Systems Biology	2020	40
METHOD OF TRAINING A NEURAL NETWORK TO REFLECT EMOTIONAL PERCEPTION, RELATED SYSTEM AND METHOD FOR CATEGORIZING AND FINDING ASSOCIATED CONTENT AND RELATED DIGITAL MEDIA FILE EMBEDDED WITH A MULTI-DIMENSIONAL PROPERTY VECTOR	Mashtraxx Limited	2020	39
METHOD OF TRAINING A NEURAL NETWORK TO REFLECT EMOTIONAL PERCEPTION AND RELATED SYSTEM AND METHOD FOR CATEGORIZING AND FINDING ASSOCIATED CONTENT	Mashtraxx Limited	2020	39
Method of training a neural network to reflect emotional perception and related system and method for categorizing and finding associated content	Mashtraxx Ltd	2020	39
ADAPTABLE ROBOTIC GAIT TRAINER	Board Of Regents, The University Of Texas System	2018	32
Scene classification prediction	Honda Motor Co., Ltd.	2021	30
DRIVER BEHAVIOR RECOGNITION AND PREDICTION	Honda Motor Co., Ltd.	2020	29
METHODS AND SYSTEMS OF PRIORITIZING TREATMENTS, VACCINATION, TESTING AND/OR ACTIVITIES WHILE PROTECTING THE PRIVACY OF INDIVIDUALS	Ehrlich Gal| Fenster Maier	2021	24
Driver behavior recognition	Honda Motor Co., Ltd.	2019	22
AUSNUTZUNG VON ANGRIFFSGRAPHEN EINER AGILEN SICHERHEITSPLATTFORMLEVERAGING ATTACK GRAPHS OF AGILE SECURITY PLATFORMEXPLOITATION DE GRAPHIQUES D'ATTAQUE DE PLATEFORME DE SÉCURITÉ AGILE	Accenture Global Solutions Limited	2020	21
LEVERAGING ATTACK GRAPHS OF AGILE SECURITY PLATFORM	Accenture Global Solutions Limited	2020	21
Distributable event prediction and machine learning recognition system	Sas Institute Inc.	2021	20
IMAGE WHITE BALANCING	York University| Adobe Inc.	2020	20
Generating attack graphs in agile security platforms	Accenture Global Solutions Limited	2021	19
Distributable event prediction and machine learning recognition system	Sas Institute Inc.	2021	18
ASSISTANCE SYSTEM, METHOD, AND PROGRAM FOR ASSISTING USER IN FULFILLING TASK	Honda Research Institute Europe Gmbh	2020	16
FINE-GRAINED VISUAL RECOGNITION IN MOBILE AUGMENTED REALITY	Ibm United Kingdom Limited| International Business Machines Corporation| Ibm (china) Investment Company Limited	2021	16
Fine-grained visual recognition in mobile augmented reality	International Business Machines Corporation	2021	16
ASSISTANCE SYSTEM, METHOD, AND PROGRAM FOR ASSISTING A USER IN FULFILLING A TASK	Honda Research Institute Europe Gmbh	2020	16
UNTERSTÜTZUNGSSYSTEM, VERFAHREN UND PROGRAMM ZUR UNTERSTÜTZUNG EINES BENUTZERS BEI DER ERFÜLLUNG EINER AUFGABEASSISTANCE SYSTEM, METHOD, AND PROGRAM FOR ASSISTING A USER IN FULFILLING A TASKSYSTÈME D'ASSISTANCE, PROCÉDÉ ET PROGRAMME POUR AIDER UN UTILISATEUR À EXÉCUTER UNE TÂCHE	Honda Research Institute Europe Gmbh	2020	16
Prediction of latent infection in plant products	Apeel Technology, Inc.	2021	16
PLANNING IN MOBILE ROBOTS	Five Ai Limited	2021	15
System and Method for Generating Image Landmarks	Northeastern University	2021	15
SYSTEM AND METHOD FOR GENERATING IMAGE LANDMARKS	Northeastern University	2019	15
RAPID, ACCURATE AND MACHINE-AGNOSTIC SEGMENTATION AND QUANTIFICATION METHOD AND DEVICE FOR CORONAVIRUS CT-BASED DIAGNOSIS	King Abdullah University Of Science And Technology	2021	14
DE-CENTRALISED LEARNING FOR RE-IDENTIFICATION	Vision Semantics Limited	2021	14
De-centralised learning for re-identification	Vision Semantics Ltd	2021	14

【31-70 位】

MULTI-VIEW IMAGE CLUSTERING TECHNIQUES USING BINARY COMPRESSION	Inception Institute Of Artificial Intelligence, Ltd.	2020	13
TECHNIKEN ZUR GRUPPIERUNG VON MEHRFACHANSICHTSBILDERN MITTELS BINÄRKOMPRESSIONMULTI-VIEW IMAGE CLUSTERING TECHNIQUES USING BINARY COMPRESSIONTECHNIQUES DE REGROUPEMENT D'IMAGES MULTI-VUES UTILISANT UNE COMPRESSION BINAIRE	Inception Institute Of Artificial Intelligence, Ltd.	2021	13
In the artificial intelligence system for feedback control of the shaped laminate, and medium	Nanotronics Imaging,inc.	2021	13
Systems, methods, and media for artificial intelligence feedback control in additive manufacturing	Nanotronics Imaging, Inc.	2019	13
Systems, methods, and media for artificial intelligence feedback control in additive manufacturing	Nanotronics Imaging, Inc.	2021	13
SYSTEME, VERFAHREN UND MEDIEN ZUR STEUERUNG DES FEEDBACK VON KÜNSTLICHER INTELLIGENZ IN DER GENERATIVEN FERTIGUNGSYSTEMS, METHODS, AND MEDIA FOR ARTIFICIAL INTELLIGENCE FEEDBACK CONTROL IN ADDITIVE MANUFACTURINGSYSTÈMES, PROCÉDÉS ET SUPPORTS POUR COMMANDE DE RÉTROACTION D'INTELLIGENCE ARTIFICIELLE DANS LA FABRICATION ADDITIVE	Nanotronics Imaging, Inc.	2021	13
SELF-POSITION ESTIMATION DEVICE, SELF-POSITION ESTIMATION METHOD, SELF-POSITION ESTIMATION PROGRAM, LEARNING DEVICE, LEARNING METHOD AND LEARNING PROGRAM	Toshiba Electronic Devices & Storage Corp| Toshiba Corp	2020	12
DETERMINING OCCUPANCY OF OCCLUDED REGIONS	Zoox, Inc.	2020	12
LOCATION ESTIMATING APPARATUS AND METHOD, LEARNING APPARATUS AND METHOD, AND COMPUTER PROGRAM PRODUCTS	Kabushiki Kaisha Toshiba| Toshiba Electronic Devices & Storage Corporation	2020	12
Determining occupancy of occluded regions	Zoox, Inc.	2021	12
Systems and methods for deep localization and segmentation with a 3D semantic map	Baidu.com Times Technology (beijing) Co., Ltd.| Baidu Usa. Llc	2021	10
Generating Facial Position Data based on Audio Data	Electronic Arts Inc.	2020	10
SYSTEMS AND METHODS FOR DEEP LOCALIZATION AND SEGMENTATION WITH 3D SEMANTIC MAP	Baidu.com Times Technology (beijing) Co., Ltd.| Baidu Usa Llc	2019	10
MULTI ECHELON GLOBAL NETWORK ANALYSIS	Embraer S.a.	2021	10
SPIKING NEURAL NETWORK BY 3D NETWORK ON-CHIP	Univ Aizu	2021	9
AUTOMATIC GENERATION OF CONTEXT-AWARE COMPOSITE IMAGES	Adobe Inc.	2020	9
TRAJECTORY PREDICTION	Honda Motor Co., Ltd.	2021	8
AN EXPLAINABLE ARTIFICIAL INTELLIGENCE MECHANISM	Logical Glue Limited	2020	8
TRAJECTORY PREDICTION	Honda Motor Co., Ltd.| Choi, Chiho	2021	8
ADIABATIC CIRCUITS FOR COLD SCALABLE ELECTRONICS	Zettaflops Llc	2021	8
ERKLÄRBARER MECHANISMUS DER KÜNSTLICHEN INTELLIGENZAN EXPLAINABLE ARTIFICIAL INTELLIGENCE MECHANISMMÉCANISME D'INTELLIGENCE ARTIFICIELLE EXPLICABLE	Temenos Headquarters Sa	2021	8
CLASSIFYING AUDIO SCENE USING SYNTHETIC IMAGE FEATURES	Microsoft Technology Licensing, Llc	2021	8
CLASSIFYING AUDIO SCENE USING SYNTHETIC IMAGE FEATURES	Microsoft Technology Licensing, Llc	2021	8
Eye fatigue detection using visual imaging	Logitech Europe S.a.	2020	8
Adiabatic circuits for cold scalable electronics	Debenedictis Erik	2020	8
Malicious activity detection by cross-trace analysis and deep learning	Oracle International Corporation	2021	8
User recognition and gaze tracking in a video system	Logitech Europe S.a.	2021	8
An explainable artificial intelligence mechanism	Logical Glue Ltd	2020	8
System and method for humanoid robot control and cognitive self-improvement without programming	Neuraville, Llc	2021	8
User recognition and gaze tracking in a video system	Logitech Europe S.a.	2021	8
SYSTEM AND METHOD FOR CONTINUAL LEARNING USING EXPERIENCE REPLAY	Hrl Laboratories, Llc	2021	7
POSITION ESTIMATING DEVICE, MOVING BODY CONTROL SYSTEM, POSITION ESTIMATING METHOD, AND PROGRAM	Toshiba Electronic Devices & Storage Corp| Toshiba Corp	2021	7
PREDICTIVE PERSONALIZED THREE-DIMENSIONAL BODY MODELS	Amazon Technologies, Inc.	2021	7
A DEVICE AND METHOD FOR IMAGE PROCESSING	Huawei Technologies Co., Ltd.| Li, Zeju	2021	7
VORRICHTUNG ZUR POSITIONSSCHÄTZUNG, SYSTEM ZUR STEUERUNG BEWEGTER OBJEKTE, VERFAHREN ZUR POSITIONSSCHÄTZUNG UND COMPUTERPROGRAMMPOSITION ESTIMATION DEVICE, MOVING-OBJECT CONTROL SYSTEM, POSITION ESTIMATION METHOD, AND COMPUTER PROGRAMDISPOSITIF D'ESTIMATION DE POSITION, SYSTÈME DE COMMANDE D'OBJET MOBILE, PROCÉDÉ D'ESTIMATION DE POSITION ET PROGRAMME INFORMATIQUE	Kabushiki Kaisha Toshiba| Toshiba Electronic Devices & Storage Corporation	2021	7

【71-100 位】

CANCER ASSESSMENT DEVICE, CANCER ASSESSMENT METHOD, AND PROGRAM	Osaka University| Nikon Corporation	2021	7
GENERATION OF CONTROLLED ATTRIBUTE-BASED IMAGES	Adobe Inc.	2021	7
PREDICTIVE PERSONALIZED THREE-DIMENSIONAL BODY MODELS	Amazon Technologies, Inc.	2021	7
METHOD OF OBTAINING VIBRATIONAL PROPERTIES OF ROBOT ARM	Universal Robots A/s	2021	7
POSITION ESTIMATION DEVICE, MOVING-OBJECT CONTROL SYSTEM, POSITION ESTIMATION METHOD, AND COMPUTER PROGRAM PRODUCT	Kabushiki Kaisha Toshiba| Toshiba Electronic Devices & Storage Corporation	2021	7
Audio production assistant for style transfers of audio recordings using one-shot parametric predictions	Adobe Inc.	2021	7
PROCESSING POINT CLOUDS USING DYNAMIC VOXELIZATION	Waymo Llc	2021	7
FACE-SPEECH BRIDGING BY CYCLE VIDEO/AUDIO RECONSTRUCTION	Microsoft Technology Licensing, Llc	2021	6
SYSTEM AND METHOD FOR LEARNING TO GENERATE CHEMICAL COMPOUNDS WITH DESIRED PROPERTIES	99andbeyond Inc.	2021	6
SYSTEM UND VERFAHREN ZUR BESTIMMUNG VON SCHÄDEN AN NUTZPFLANZENSYSTEM AND METHOD FOR DETERMINING DAMAGE ON CROPSSYSTÈME ET PROCÉDÉ PERMETTANT DE DÉTERMINER LES DOMMAGES CAUSÉS À DES CULTURES	Basf Se	2021	6
DATA VOLUME SCULPTOR FOR DEEP LEARNING ACCELERATION	Stmicroelectronics International N.v.| Stmicroelectronics S.r.l.	2019	6
DATENVOLUMEN-SCULPTOR ZUR BESCHLEUNIGUNG VON TIEFENLERNENDATA VOLUME SCULPTOR FOR DEEP LEARNING ACCELERATIONSCULPTEUR DE VOLUME DE DONNÉES POUR ACCÉLÉRATION D'APPRENTISSAGE PROFOND	Stmicroelectronics International N.v.| Stmicroelectronics S.r.l.	2019	6
SYSTEM AND METHOD FOR DETERMINING DAMAGE ON CROPS	Basf Se	2021	6
Face-speech bridging by cycle video/audio reconstruction	Microsoft Technology Licensing, Llc	2021	6
HARDWARE ACCELERATED DISCRETIZED NEURAL NETWORK	Western Digital Technologies, Inc.	2020	5
ANNÄHERNDE NÄCHSTE NACHBARSCHAFTSSUCHE FÜR PROZESSOREN FÜR EINZELBEFEHLE, MEHRFACH-THREADS (SIMT) ODER EINZELBEFEHLE, MEHRFACHDATEN (SIMD)APPROXIMATE NEAREST NEIGHBOR SEARCH FOR SINGLE INSTRUCTION, MULTIPLE THREAD (SIMT) OR SINGLE INSTRUCTION, MULTIPLE DATA (SIMD) TYPE PROCESSORSRECHERCHE APPROXIMATIVE DU VOISIN LE PLUS PROCHE POUR LES PROCESSEURS DE TYPE À INSTRUCTION UNIQUE ET À FILS D'EXÉCUTION MULTIPLES (SIMT) OU À INSTRUCTION UNIQUE ET À DONNÉES MULTIPLES (SIMD)	Baidu Usa Llc	2021	5
Apparatus and method using physical model based deep learning (DL) to improve image quality in images that are reconstructed using computed tomography (CT)	Canon Medical Systems Corporation	2021	5
Hardware accelerated discretized neural network	Western Digital Technologies, Inc.	2021	5
METHOD AND SYSTEM FOR ESTIMATING IN-SITU POROSITY USING MACHINE LEARNING APPLIED TO CUTTING ANALYSIS	Cgg Services Sas	2020	5
Systems configured for area-based histopathological learning and prediction and methods thereof	Origin Labs, Inc.	2021	5
X-RAY DIAGNOSTIC SYSTEM, IMAGE PROCESSING APPARATUS, AND PROGRAM	Canon Medical Systems Corp	2021	5
MANAGING INTERNET OF THINGS NETWORK TRAFFIC USING FEDERATED MACHINE LEARNING	Hughes Network Systems, Llc	2021	5
DEPTH MAPS PREDICTION SYSTEM AND TRAINING METHOD FOR SUCH A SYSTEM	Toyota Motor Europe| Eth Zurich	2021	5
VERWALTUNG DES NETZWERKVERKEHRS IM INTERNET DER DINGE MIT FÖDERIERTEM MASCHINENLERNENMANAGING INTERNET OF THINGS NETWORK TRAFFIC USING FEDERATED MACHINE LEANINGGESTION DE TRAFIC DE RÉSEAU D'INTERNET DES OBJETS À L'AIDE DE L'APPRENTISSAGE AUTOMATIQUE FÉDÉRÉ	Hughes Network Systems, Llc	2021	5
Method and system for controlling devices for tracking synchronous movements	Almehmadi Abdulaziz Mohammed	2021	5
RASTER IMAGE DIGITIZATION USING MACHINE LEARNING TECHNIQUES	Schlumberger Canada Limited| Services Petroliers Schlumberger| Geoquest Systems B.v.| Schlumberger Technology Corporation	2021	5
MISLABELED PRODUCT DETECTION	Shenzhen Malong Technologies Co., Ltd.	2020	5
COMPUTER METHOD AND APPARATUS MAKING SCREENS SAFE FOR THOSE WITH PHOTOSENSITIVITY	Massachusetts Institute Of Technology	2020	5
CLAIM ANALYSIS WITH DEEP LEARNING	Alpha Health Inc.	2021	5
SYSTEMS CONFIGURED FOR AREA-BASED HISTOPATHOLOGICAL LEARNING AND PREDICTION AND METHODS THEREOF	Origin Labs, Inc.	2021	5

著者略歴

1967 年石川県金沢市生まれ。
東京大学産学協創推進本部副本部長、安全保障輸出管理支援室副室長 兼 Beyond AI 研究推進機構副機構長。博士（工学）。

東京大学工学部卒業、東京大学大学院工学系研究科修了。コロンビア大学国際関係行政大学院修了。経済産業省を経て、2024 年 4 月より現職。

学術論文と AI
GPT の性質と両利き研究者の出現

2025 年 2 月 20 日　初　版

［検印廃止］

著　者　山崎知巳

発行所　一般財団法人　東京大学出版会

代表者　中島隆博
153-0041 東京都目黒区駒場 4-5-29
https://www.utp.or.jp/
電話 03-6407-1069　Fax 03-6407-1991
振替 00160-6-59964

装　幀　藤澤美映
印刷所　株式会社理想社
製本所　牧製本印刷株式会社

ⓒ 2025　Tomomi YAMAZAKI
ISBN 978-4-13-061166-4　Printed in Japan

JCOPY 〈出版者著作権管理機構　委託出版物〉
本書の無断複写は著作権法上での例外を除き禁じられています．複写される場合は，そのつど事前に，出版者著作権管理機構（電話 03-5244-5088，FAX 03-5244-5089，e-mail: info@jcopy.or.jp）の許諾を得てください．

東京大学 B'AI グローバル・フォーラム・板津木綿子・久野愛編	AI から読み解く社会	A5・3200 円
酒井邦嘉編	東大塾 脳科学と AI	A5・4200 円
佐藤嘉倫・稲葉陽二・藤原佳典編	AI はどのように社会を変えるか	A5・3800 円
東京大学情報理工学系研究科編	オンライン・ファースト コロナ禍で進展した情報社会を元に戻さないために	46・2700 円
坂井修一	サイバー社会の「悪」を考える	46・2500 円
新井紀子・東中竜一郎編	人工知能プロジェクト「ロボットは東大に入れるか」	A5・2800 円
森畑明昌	Python によるプログラミング入門 東京大学教養学部テキスト	A5・2200 円

ここに表示された価格は本体価格です. 御購入の
際には消費税が加算されますので御了承下さい.